주머니 속

나비
도감

▫ 사진 도와 주신 분
김남송 · 김순환 · 김태우 · 노상은 · 박동하 · 손상규 · 손상봉 · 신준호 · 조영권 · 조희욱 님께 감사드립니다.

▫ 일러두기
1. 우리 나라에서 볼 수 있는 나비 190종을 실었습니다.
2. 이름(국명)은 『한국곤충명집』(1994)을 따랐으며, 학명은 독자들이 혼동할 소지가 있어 표기하지 않았습니다.
3. '때'는 어른벌레가 나타나는 시기로, 1년에 어른벌레를 볼 수 있는 횟수를 괄호 안에 표기했습니다.
4. '크기'는 날개를 활짝 펼쳤을 때 앞날개 위쪽 끝에서 다른 쪽 끝까지 길이입니다.
5. '사는 곳'은 어른벌레일 때 주로 볼 수 있는 곳을 간략하게 표기했습니다.
6. '먹이'는 애벌레 시기에 애벌레가 주로 먹는 먹이식물을 나타냈습니다.
7. 용어는 가능한 한 쉬운 우리말로 바꿔 썼으며, 독자의 이해를 돕기 위해 용어 설명을 따로 실었습니다.

생태 탐사의 길잡이 6

주머니 속
나비 도감

백유현·권민철·김현우 글과 사진

황소걸음
Slow & Steady

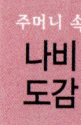

펴낸날 2007년 5월 1일 초판 1쇄
2022년 12월 30일 초판 5쇄
지은이 백유현 권민철 김현우
만들어 펴낸이 정우진 강진영 김지영
꾸민이 Moon&Park(dacida@hanmail.net)
펴낸곳 04091 서울 마포구 토정로 222 한국출판콘텐츠센터 420호
편집부 (02) 3272-8863
영업부 (02) 3272-8865
팩 스 (02) 717-7725
이메일 bullsbook@hanmail.net / bullsbook@naver.com
등 록 제22-243호(2000년 9월 18일)
ISBN 978-89-89370-54-3 06490

황소걸음
Slow&Steady

© 백유현 권민철 김현우, 2007

- 이 책의 내용을 저작권자의 허락 없이 복제, 복사, 인용, 전재하는 행위는 법으로 금지되어 있습니다.
- 잘못된 책은 바꿔 드립니다. 값은 뒤표지에 있습니다.

나비처럼 시련을 딛고 아름다운 모습으로 거듭나길 바라며

자연과 나비가 좋아서 산과 들로 뛰어다니다 보니 자연스럽게 나비와 친구가 되었습니다. 또 나비의 생활을 지켜 보며 아름다운 모습 뒤에 알, 애벌레, 번데기라는 각각 다른 모습이 숨어 있다는 것을 알았습니다. 나비들이 겪는 시련을 지켜 보며 안타까운 적도 많았지만, 시련을 딛고 자기 힘으로 어른벌레가 되어 날아가는 녀석들이 참 대견했습니다. 그 때의 감동은 아직도 가슴에 남아 우리를 설레게 합니다.

사람들은 나비를 예쁘다고 말합니다. 물론 아름다운 어른벌레를 두고 하는 말입니다. 또 많은 사람들이 애벌레를 징그럽게 여깁니다. 그 애벌레들이 자라서 예쁜 나비가 된다는 것을 잊은 모양입니다. 이 책에는 어른이 된 나비뿐만 아니라 알, 애벌레, 번데기 때의 모습도 함께 실었습니다. 이 책을 통해 여러분이 나비를 이해하고, 나비의 감춰진 면과 그들의 시련까지도 사랑할 수 있기 바랍니다.

사진 자료를 도와 주신 많은 분들, 특히 귀한 녹색부전나비들을 비롯해 많은 부전나비 사진을 도와주신 손상규 선생님께 감사드립니다. 나비를 가르쳐 주신 박경태 선생님, 흩어진 자료를 취합하고 그 동안 연구해 온 과정을 정리할 기회를 주신 도서출판 황소걸음 식구들, 늘 격려와 성원을 아끼지 않으신 주위의 많은 분들께도 감사드립니다. 이 책이 나비를 사랑하는 분들과 늘 함께 하는 길잡이가 되기 바랍니다.

저자 일동

차례

나비처럼 시련을 딛고 아름다운 모습으로 거듭나길 바라며 • 5

나비의 이해 9

알에서 어른벌레가 되기까지 • 10
시련 • 10
나비의 몸 보호법 • 12
나비의 구조 • 14
용어 설명 • 16
나비의 크기 • 18
나비와 나방 • 19
나비 관찰하기 • 22

비교하며 살펴보기 23

알 • 24
애벌레 • 28
애벌레의 머리 • 30
번데기 • 33
어른벌레의 눈 • 36

과별로 살펴보는 나비 **39**

호랑나비과 • 41
흰나비과 • 71
부전나비과 • 97
네발나비과 • 159
팔랑나비과 • 289
길 잃은 나비 • 323

찾아보기 • 342

나 비의 이해

 알에서 어른벌레가 되기까지

 시련

 나비의 몸 보호법

 나비의 구조

 용어 설명

 나비의 크기

 나비와 나방

 나비 관찰하기

알에서 어른벌레가 되기까지

 나비가 어떤 과정을 거쳐서 어른벌레가 되는지 알아보자. 우선 짝짓기 한 암컷이 알을 낳으면 알 속에서 애벌레의 머리부터 시작해 차츰 몸이 만들어진다. 애벌레의 몸이 모두 완성되면 알 껍질을 뚫고 나온다. 이 때 많은 애벌레들이 영양을 보충하거나 천적에게 들키지 않으려고 알 껍질을 먹어 치운다.
 알에서 깨어난 애벌레는 곧바로 먹이식물을 찾아가 잎이나 꽃을 먹는다. 애벌레의 머리는 딱딱한 키틴 성분으로 되어 있어 몸이 커지려면 낡은 옷을 벗어 버리듯 허물벗기 과정을 거쳐야 한다. 허물벗기를 다섯 번 하면 비로소 번데기가 된다.
 번데기는 애벌레와 전혀 다른 모습이다. 이동할 수 없기 때문에 나뭇잎이나 새똥과 같이 주변의 사물과 닮은 모양으로 자신의 몸을 보호한다. 번데기 속에서 나비의 눈과 다리, 입, 날개가 만들어지며, 번데기 껍질에서 몸이 완전히 분리되면 번데기 껍질을 뚫고 나온다.
 막 날개돋이 한 나비는 날개가 작고 젖은 상태이기 때문에 날 수가 없다. 번데기 껍질이나 풀잎, 가지에 매달려 날개를 다 말리면 비로소 아름다운 날갯짓을 할 수 있다.

시련

 나비가 낳는 알의 개수는 종류마다 다르며, 적게는 수십 개에서 많게는 200~300개나 된다. 하지만 이 알들이 모두 어른벌레가 되지는 못한다. 알에서 어른벌레가 되기까지 수많은 시련이 가로막기 때문이다. 알 때는 기생벌에게 기생 당하기도 하고, 알에서 깨어나지 못하기도 한다. 애벌레 때는 말벌이나 새 등 수많은 천적들에게 잡아먹히기도 하고, 애벌레에 기생하는 기생벌과 기생파리의 공격에 속수무책으로 당하기도 하며, 먹이를 먹지 못해 굶어 죽기도 한다. 또 허물벗기 과정에서 허물을 제대로 벗지 못해 죽는 경우도 있다. 애벌레에서 번데기가 되려 할 때 외부의 충격 때문에 제대로 번데기가 되지 못해 죽기도 하며, 번데기에서 날개돋이를 할 때도 날개를 다쳐 기형이 되거나 잘 빠져 나오지 못해 죽는 경우가 많다. 번데기에서 무사히 빠져 나왔다고 다 된 것이 아니다. 날개를 펴고 말리기까지 아무런 방해도 받지 않아야 한다. 이처럼 많은 방해꾼들과 힘겨운 상황을 이겨 내고 어른벌레가 되어 짝짓기 하고 알을 낳을 수 있는 나비는 2~5마리뿐이다.

남방제비나비 애벌레 몸에 낳은 기생파리의 알.

배추흰나비 애벌레에서 빠져 나와 고치를 튼 고치벌.

배추흰나비 애벌레에서 빠져 나오는 고치벌 애벌레.

대왕나비 애벌레에서 나와 고치를 튼 맵시벌.

쌍살벌에게 먹히는 암고운부전나비 애벌레.

제이줄나비 애벌레에서 나와 고치를 튼 고치벌.

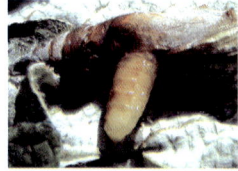
큰멋쟁이나비 번데기에서 빠져 나오는 기생파리.

호랑나비 번데기에 알을 낳는 좀벌 종류.

호랑나비 애벌레에 알을 낳는 기생벌.

나비의 몸 보호법

나비는 수많은 천적들에게서 몸을 보호하기 위해 나름대로 노력한다. 암컷은 최대한 천적이 발견하기 힘든 곳에 알을 낳고, 알의 모양이나 색깔을 위장한다. 애벌레는 보통 먹이식물과 비슷한 색깔을 띠어 먹이식물에 붙어 있으면 찾기 어렵다. 호랑나비 애벌레는 가슴 부위가 뱀의 머리를 닮아 천적을 놀라게 하고, 취각을 숨기고 있다가 갑자기 내밀어 천적

가시 같은 돌기로 위협하는 굵은줄나비 애벌레.

가시같이 생긴 갈구리나비 번데기.

나무 껍질과 잘 구별되지 않는 귤빛부전나비 알.

나무 껍질과 잘 구별되지 않는 북방까마귀부전나비 알.

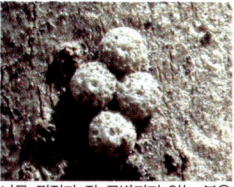
나무 껍질과 잘 구별되지 않는 붉은띠귤빛부전나비 알.

나무 줄기 무늬와 비슷한 갈구리신선나비의 날개 뒷면.

나무 줄기 색과 같은 왕오색나비 애벌레.

낙엽과 헷갈리는 먹그늘나비 애벌레.

낙엽 속에서 겨울잠을 자는 대왕팔랑나비 애벌레.

을 쫓아낸다. 쇳빛부전나비 애벌레는 먹이식물 열매와 닮아서 열매를 먹을 때 알아채기 어렵다. 번데기는 이동할 수 없기 때문에 나뭇잎이나 낙엽 아랫면 등 천적의 눈에 띄지 않을 만한 곳에 달라붙는다. 생김새가 낙엽이나 새똥, 가시를 닮아서 천적이 그냥 지나치게 만들거나, 잎을 말고 그 속에서 번데기가 되기도 한다. 어른벌레는 몸통만 다치지 않으면 짝짓기 하고 알을 낳는 데 지장이 없기 때문에 천적의 공격을 날개로 유도한다. 보통은 눈알 모양 무늬나 화려한 색깔로 시선을 끈다.

낙엽 속에 숨어서 겨울잠을 자는 굵은줄나비 애벌레.

낙엽 끝에 붙어 알아채기 힘든 어리세줄나비 애벌레.

나뭇잎 같은 먹그림나비 애벌레.

꽃 같은 북방쇳빛부전나비 애벌레.

뱀눈 무늬로 위장한 부처나비.

죽은 척하는 암어리표범나비 애벌레.

낙엽과 닮은 애기세줄나비 번데기.

주변 색깔과 비슷해 알아채기 힘든 암어리표범나비 번데기.

취각을 내민 호랑나비 애벌레.

나비의 구조

애벌레

보통은 머리를 가슴 아래에 숨기고 있다. 어른벌레와 달리 배다리 네 쌍과 엉덩이다리 한 쌍이 더 있어 나뭇잎이나 가지를 쉽게 타고 다닐 수 있다. 몸통 옆면에는 숨구멍이 있다. 호랑나비과의 애벌레 중 일부는 취각이 있다.

애벌레의 몸 구조

번데기

자세히 보면 나중에 더듬이, 눈, 주둥이, 다리, 날개가 될 자리가 정해져 있다. 각각의 기관이 다 만들어지면 번데기 껍질 바깥으로 날개, 더듬이, 주둥이, 다리가 비친다. 그러면 얼마 지나지 않아 날개돋이를 한다. 번데기는 오른쪽 위의 그림처럼 허리실을 단단히 매는 종류와 꼬리 부분만 붙여서 매달리는 종류가 있다.

번데기의 몸 구조

어른벌레

번데기에서 나온 나비는 드디어 아름다운 날개가 생긴다. 평소에는 주둥이를 말고 있다가 꿀이나 나무 진 등을 빨아먹을 때 편다. 먹이를 빨아먹은 뒤에는 다시 잘 말아 둔다. 눈은 작은 낱눈이 여러 개 모인 겹눈이다. 나비 날개에는 인분이라는 비늘이 기왓장처럼 덮여 있으며, 이것이 날개의 색을 낸다. 또 방수 기능이 있어 적은 비에는 날개가 젖지 않는다.

어른벌레의 몸 구조

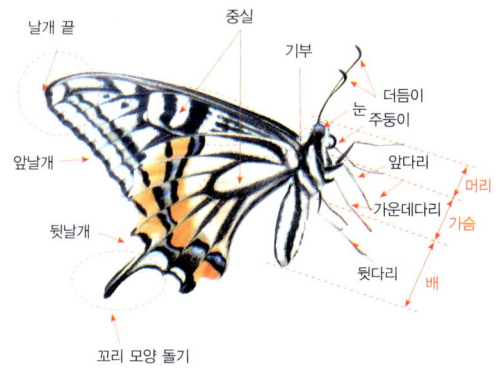

용어 설명

- **겨울잠** 겨울에는 추워서 곤충들이 활동할 수 없다. 곤충들은 겨울 동안 지낼 영양분을 몸에 축적하고 꼼짝 않고 숨어서 봄이 오기를 기다린다. 종류에 따라 알, 애벌레, 번데기, 어른벌레로 겨울잠을 잔다.
- **계절형** 1년에 두 번 이상 새로운 어른벌레가 발생하는 나비 중에 계절에 따라 색이나 모양이 다른 경우가 있다. 이런 나비들을 발생하는 계절에 따라 봄형, 여름형, 가을형이라고 한다.
- **꼬리 모양 돌기(미상돌기)** 나비의 뒷날개에 있는 꼬리 모양의 날개 돌기다. 호랑나비과와 부전나비과 나비에서 볼 수 있는 특징으로, 몸을 커 보이게 하며, 날아다니는 데 도움을 준다.
- **날개돋이(우화)** 번데기 껍질을 찢고 나와 날개를 말리고 어른벌레가 되는 과정이다.
- **날개맥(시맥)** 나비 날개의 막들을 연결해 주는 굵고 딱딱한 선을 말한다. 나뭇잎으로 치면 잎맥이고, 사람으로 치면 뼈에 해당한다.
- **먹이식물(식초)** 애벌레 때 먹는 식물을 말한다.
- **령** 허물벗기 한 횟수를 말하며, 한 번 탈피할 때마다 령이 추가된다. 알에서 깨어나면 1령, 한 번 탈피하면 2령, 네 번 탈피하면 5령, 다섯 번 탈피하면 번데기가 된다.
- **부화** 애벌레가 알을 깨고 나오는 것을 말한다.
- **성표** 수컷 날개에 나타나는 특정한 색깔의 무늬로, 암컷에는 없다.
- **수태낭** 수컷이 분비물을 내어 짝짓기 한 암컷의 배 끝에 붙이는 물질을

말한다. 다른 수컷과 짝짓기 하지 못하도록 하려는 것이지만, 가끔 다른 수컷이 이것을 떼어 내고 다시 짝짓기 하는 경우도 있다. 이 때는 나중에 짝짓기 한 수컷의 정자가 수정된다.

- **여름잠** 여름에는 무더운 날씨 때문에 필요 이상으로 체온이 올라가서 활동에 지장을 준다. 이럴 때 나비들은 시원한 곳에서 쉬다가 늦여름이나 초가을에 다시 활동한다.
- **일광욕** 나비는 변온동물이어서 체온이 떨어지면 잘 움직이지 못한다. 그래서 햇볕을 받아 체온을 높인다. 날개가 검은 나비들은 햇볕을 잘 흡수하기 때문에 일광욕하는 시간이 짧다.
- **의사 행동** 죽은 척하여 천적에게서 자신을 보호하는 행동이다.
- **의태** 다른 사물의 모습을 닮아서 천적이 자신을 발견하지 못하게 하려는 것이다.
- **점유 행동** 수컷이 일정한 공간을 지키려는 행동으로, 자신의 영역에 들어오는 다른 수컷이나 곤충, 새를 쫓아 내기도 한다. 암컷을 차지하기 위한 영역 방어 행동이다.
- **천적** 어떤 생물을 먹이로 삼거나 죽게 하는 포식자 위치의 생물을 말한다.
- **취각** 일부 호랑나비과 애벌레에서 나타나는 특징으로, 머리와 가슴 사이에 있는 냄새나는 뿔을 일컫는다. 적이 공격하거나 위협을 느낄 때 갑자기 내밀어 심한 냄새를 풍긴다.
- **허물벗기(탈피)** 몸이 자라기 위해 허물을 벗는 것을 말한다. 알에서 깨어나 다섯 번 허물을 벗는다.

나비의 크기

 나비의 크기는 보통 세 가지로 표기한다. 이 책에서는 나비의 크기를 날개 편 길이로 표기했다. 나비의 구조에서 설명하기 힘든 날개 각 부분의 명칭도 나타냈다.

나비의 크기와 날개 명칭

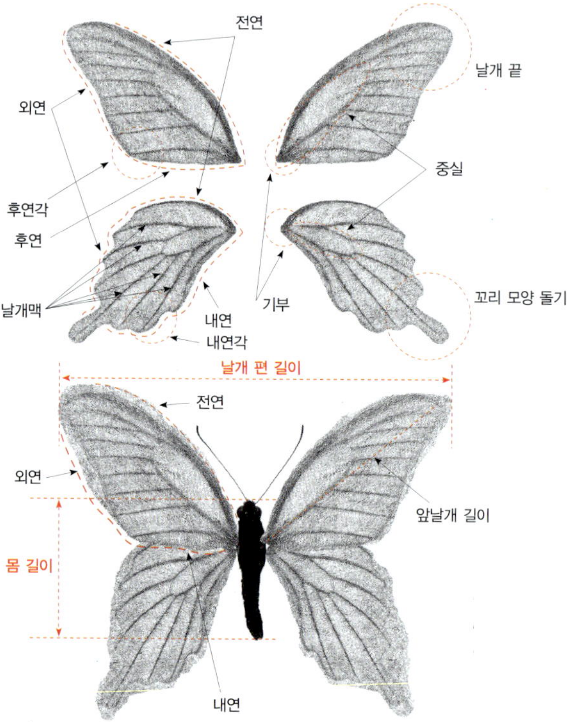

- 전연
- 날개 끝
- 외연
- 중실
- 후연각
- 후연
- 날개맥
- 내연
- 내연각
- 기부
- 꼬리 모양 돌기
- 날개 편 길이
- 전연
- 외연
- 앞날개 길이
- 몸 길이
- 내연

나비와 나방

 많은 사람들이 궁금해하는 것 가운데 하나가 나비와 나방의 다른 점이다. 나비와 나방은 아주 가까운 가족 관계다. 단지 낮에 많이 보이는 나비와 달리, 나방은 밤에 많이 볼 수 있다. 많은 사람들이 나방은 징그럽고 못생겼으며, 나비는 화려하고 예쁘다고 생각한다. 하지만 나비 못지않게 예쁜 나방도 많고, 나방의 종류가 훨씬 많기 때문에 그 모습도 다양하다. 우리 나라에 보고된 나방은 약 2600종으로 나비보다 10배나 많고, 전 세계적으로도 나비보다 나방의 종수가 10배 정도 많다.

 나방은 보통 밤에 활동하지만, 낮에 활동하는 종류도 있다. 사람들이 벌새로 착각하는 꼬리박각시 종류와 벌을 닮은 알락나방 종류가 대표적이다. 나비도 많은 종류가 나방처럼 날개를 펴고 앉기도 하지만, 몸통 밑으로 날개를 내리는 일은 거의 없다. 하지만 나방은 날개로 몸통을 덮는 일이 많다. 이것은 앞날개로 뒷날개를 가리고 앉아 위장하려는 속셈이다. 나방은 잘 날기 위해 날개가시(시자)로 앞날개와 뒷날개를 연결해 한 장처럼 쓰는 습성이 있다.

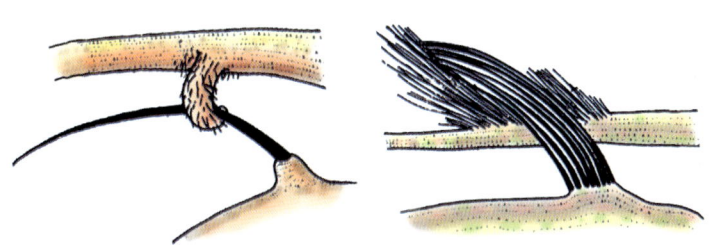

앞날개와 뒷날개를 연결해 한 장처럼 쓰도록 하기 위한 날개가시.

나비와 나방의 다른 점

구분	나비	나방
더듬이	끝이 둥글거나 갈고리 모양	끝이 뾰족하거나 빗살 모양
크기	날개에 비해 몸통이 작다	날개에 비해 몸통이 크다
앉는 모습	날개를 접고 앉는다	날개를 펴고 앉는다
날개가시	없다	있다
비늘	끝이 둥글다	끝이 뾰족하다
활동성	주로 낮에 활동한다	주로 밤에 활동한다

나비와 나방의 몸 크기

나비보다 나방의 몸이 굵다.

애호랑나비 각시멧노랑나비 큰녹색부전나비

녹색박각시 태극나방 으름밤나방

나비와 나방이 앉는 모습

작은주홍부전나비 붉은뒷날개나방

나비와 나방의 더듬이

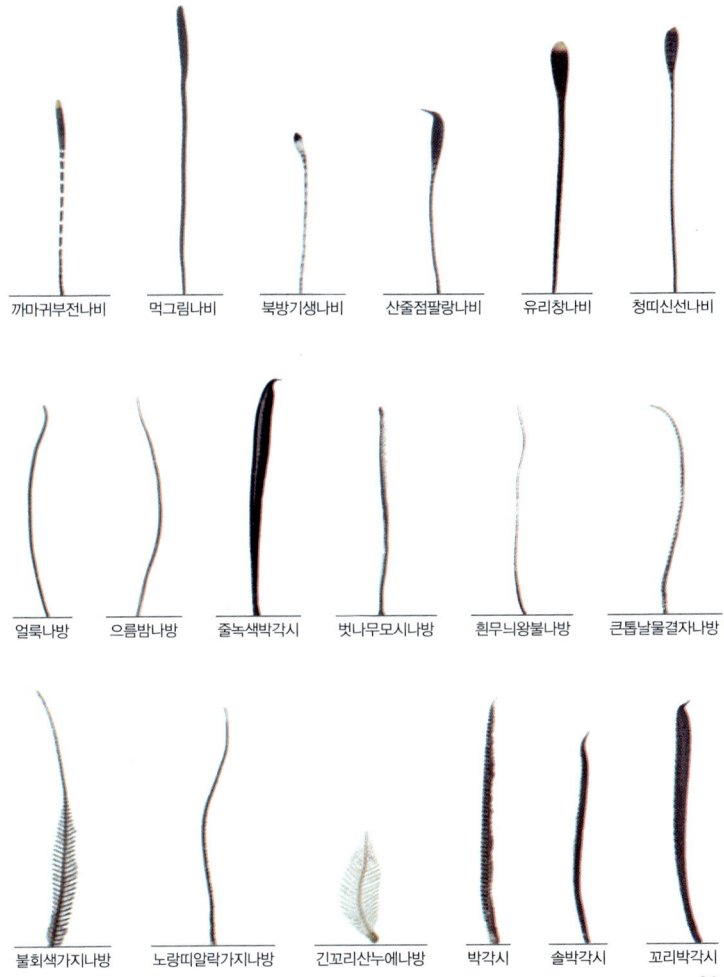

나비 관찰하기

나비는 어디에나 있지만 막상 나비를 찾으려고 하면 막막할 때가 많다. 어른벌레를 보려면 먼저 꽃을 찾자. 나비는 꽃에서 꿀을 빨아먹는 종류가 많기 때문이다. 산에서는 주로 땅에 떨어져 썩은 과일의 즙을 빨아먹거나 나무 진을 먹는 것을 관찰할 수 있다. 나무 꼭대기도 한번 쳐다보자. 나무 꼭대기를 날아다니는 나비도 많다. 또 암컷이 배 끝을 식물에 잠시 대고 있다면 알을 낳는 행동일 수 있으니 반드시 확인해 보자.

야외에서 나비의 알을 관찰하기는 매우 힘들다. 보통 알은 먹이식물의 잎이나 줄기에 낳으므로 먹이식물의 잎 뒷면이나 가지 사이에 새로 나는 잎 주변을 살펴보자. 호랑나비가 잘 날아다니는 집 주변에 탱자나무 울타리가 있다면 그 곳도 살펴보자. 분명 호랑나비 알이 있을 것이다.

애벌레는 먹이식물에 붙어서 생활한다. 잎 가장자리에 동그랗게 파인 자국이 있다면 애벌레가 먹은 흔적일 가능성이 많다. 그 잎의 뒷면이나 앞면, 주위의 잎을 살펴보자. 농약을 많이 치지 않는 무밭이나 배추밭이라면 배추흰나비나 큰줄흰나비 애벌레가 있을 가능성이 많다. 하지만 나방 애벌레일 수도 있으니 도감을 펴고 차근차근 비교해 보자.

번데기도 알과 마찬가지로 찾기 힘들다. 천적의 눈에 띄지 않기 위해 나뭇잎의 뒷면이나 나뭇잎과 닮은 형태로 매달려 있기 때문이다. 환삼덩굴의 잎이 아래로 말렸다면 의심해 보자. 그 곳에 네발나비 애벌레나 번데기가 있을지도 모른다.

이렇듯 자연에서 나비의 알이나 애벌레, 번데기를 관찰하기는 어렵다. 그것은 나비가 살아남기 위한 전략 때문이지만, 나비의 습성을 알고 주의 깊게 관찰한다면 찾을 수 있다. 발견한 나비를 함부로 집에 가져가거나 건드리지는 말자. 먼저 내가 이 애벌레를 키울 상황이 되는지 생각하자. 무턱대고 집으로 가져가는 것은 그 나비를 죽이는 일이다. 꼭 키우고 싶다면 먹이식물부터 준비하고 그 나비의 습성을 익히자. 먹이식물을 잘 키워야 나비도 잘 키울 수 있다.

비교하며 살펴보기

 알
 애벌레
 애벌레의 머리
 번데기
 어른벌레의 눈

알

귤빛부전나비	남방녹색부전나비	민꼬리까마귀부전나비
북방쇳빛부전나비	선녀부전나비	큰주홍부전나비
작은주홍부전나비	작은홍띠점박이푸른부전나비	회령푸른부전나비

작은은점선표범나비 · 부처나비 · 함경산뱀눈나비

조흰뱀눈나비 · 왕자팔랑나비 · 수풀떠들썩팔랑나비

푸른큰수리팔랑나비 · 흰점팔랑나비 · 왕팔랑나비

애벌레

암붉은점녹색부전나비 · 북방쇳빛부전나비 · 북방까마귀부전나비

산호랑나비 · 호랑나비 · 남방제비나비

갈구리나비 · 풀흰나비 · 산네발나비

청띠신선나비   들신선나비   작은은점선표범나비

암끝검은표범나비   먹그림나비   왕세줄나비

참줄나비사촌   푸른큰수리팔랑나비   대왕팔랑나비

애벌레의 머리

긴꼬리제비나비

푸른큰수리팔랑나비

산호랑나비

호랑나비

갈구리나비

남방노랑나비

대왕나비

황오색나비

수노랑나비

먹그늘나비

유리창나비

먹그림나비   흑백알락나비

별박이세줄나비

번데기

암먹부전나비 / 먹부전나비 / 민꼬리까마귀부전나비
참까마귀부전나비 / 벚나무까마귀부전나비 / 큰줄흰나비
멧노랑나비 / 남방노랑나비 / 사향제비나비

긴꼬리제비나비   꼬리명주나비   산네발나비

청띠신선나비

황오색나비   뿔나비

먹그림나비 수노랑나비 금빛어리표범나비

굵은줄나비 황세줄나비 참줄나비사촌

대왕팔랑나비 왕자팔랑나비

어른벌레의 눈

남방부전나비 | 귤빛부전나비 | 큰주홍부전나비

북방쇳빛부전나비 | 부처나비 | 쌍꼬리부전나비

큰녹색부전나비 | 바둑돌부전나비 | 꼬리명주나비

모시나비	긴꼬리제비나비	돈무늬팔랑나비
청띠제비나비	호랑나비	배추흰나비
작은멋쟁이나비	청띠신선나비	홍점알락나비

과 별로
살펴보는 나비

 호랑나비과

 흰나비과

 부전나비과

 네발나비과

 팔랑나비과

 길 잃은 나비

호랑나비과

호랑나비과에 속하는 나비는 대형이나 중간 크기로, 꼬리 모양 돌기가 있는 것이 특징이지만 없는 종도 있다. 꼬리 모양 돌기는 날아갈 때 방향 전환을 쉽게 하고, 몸을 커 보이게 하여 적의 공격에서 자신을 보호하는 구실을 한다. 그래서 제비나비 종류는 날아가다가 공중에서 갑자기 방향을 바꾸어 날 수 있다. 알은 대부분 표면이 매끄럽고, 지름 1.2~1.5mm로 비교적 크다. 애벌레는 가슴이 뱀의 머리처럼 생긴 것이 많다. 애벌레의 머리와 가슴 사이에 뿔처럼 생긴 '취각'이 있는데, 위험을 느낄 때 갑자기 이것을 불쑥 내밀고 냄새를 풍겨 적을 놀라게 한다. 번데기로 겨울을 나는 종이 많지만, 알로 겨울을 나는 종도 있다.

◘ 이른 봄에 볼 수 있다.

애호랑나비

이른 봄에 잠깐 나타나 예전에는 이른봄애호랑나비라고 불렀다. 어른벌레는 주로 진달래나 얼레지에서 꿀을 빨아먹는다. 알은 먹이식물의 잎 아랫면에 여러 개 낳는다. 수컷은 배에 길고 검은 털이 솜뭉치처럼 나 있고, 암컷은 배에 털이 없어 밋밋하며, 짝짓기를 하고 나면 수태낭이 붙는다.

호랑나비과

때 4~5월(1회)
크기 45~50mm
먹이 족도리풀, 개족도리
사는 곳 낮은 산지
겨울잠 번데기

1 일정한 간격으로 알을 낳았다.
2 알에서 막 깨어난 애벌레.
3 집단으로 생활하는 애벌레.
4 낙엽 아랫면에 붙어 겨울을 나는 번데기.
5 땅에 앉아 쉬며 햇볕을 쬔다.

◘ 엉겅퀴 꽃에서 꿀을 빨고 있다.

모시나비

날개가 희고 반투명해서 붙은 이름이다. 산길이나 풀밭에서 낮게 천천히 날아다닌다. 엉겅퀴, 기린초 등 여러 종류의 꽃에서 꿀을 빨아먹는다. 수컷은 배에 짧고 검은 털이 있고, 암컷은 털이 없으며, 짝짓기를 하고 나면 수태낭이 붙는다.

호랑나비과

때 5~6월(1회)
크기 55~65mm
먹이 현호색, 들현호색
사는 곳 산길, 풀밭
겨울잠 알

1 알 표면에 구멍을 뚫어 놓은 것 같다.
2 방금 날개돋이 한 수컷이 날개를 말린다.
3 다리와 몸에 꽃가루가 묻었다.
4 수컷은 몸에 털이 많다.
5 짝짓기 한 암컷의 배에 수태낭이 붙었다.

◘ 짝짓기

붉은점모시나비

모시나비와 닮았지만 날개에 붉은 점이 있다. 기린초가 있는 곳에서 가까운 산비탈이나 풀밭을 천천히 날아다닌다. 예전에는 많이 볼 수 있었으나, 숲이 우거져 풀밭이 줄어들면서 보기 힘들어졌다. 짝짓기를 하고 나면 암컷의 배에 수태낭이 붙는다. 환경부 지정 멸종 위기종이다.

호랑나비과

때 5~6월(1회)
크기 65~75mm
먹이 기린초
사는 곳 풀밭
겨울잠 알

1 알 표면에 쌀알이 박힌 것 같다.
2 먹이를 찾아 기어다니는 애벌레.
3 낙엽을 엮어 만든 번데기 집.
4 나뭇잎을 펼치니 번데기가
  들어 있다.
5 붉은 점이 돋보인다.

- 암컷은 검은빛이 많다.(위)
- 알 속에 있는 애벌레의 까만 머리가 비친다.(왼쪽)
- 애벌레(오른쪽)

꼬리명주나비

산길이나 냇가, 저수지 근처, 논 주변에서 천천히 활공하듯 낮게 날아다닌다. 알은 쥐방울덩굴의 잎 아랫면에 수십 개 낳는다. 애벌레는 1~2령 때 모여 살다가 크면 먹이가 부족하기 때문에 흩어진다. 수컷의 날개는 베이지색, 암컷은 검은빛이 많다.

호랑나비과

때 4~9월(3회)
크기 50~54mm
먹이 쥐방울덩굴
사는 곳 산비탈, 풀밭, 냇가
겨울잠 번데기

1 번데기 색이 나뭇가지와 비슷해 알아보기 힘들다.
2 베이지색이 많은 수컷.
3 몸에 털이 무척 많다.
4 봄형. 여름형보다 붉은 무늬가 많고 선명하다.
5 꿀을 빨아먹는다.

◘ 암컷이 나뭇잎에 앉아 쉰다.

사향제비나비

수컷의 날개에서 사향 냄새가 난다고 해서 붙은 이름이다. 알은 먹이식물의 잎 아랫면에 여러 개 낳는다. 수컷의 날개는 흑갈색이며, 암컷은 황갈색이다. 암수 모두 배 옆면에 빨간 털이 한 줄로 나 있다. 검은색과 흰색이 뒤섞인 애벌레의 몸은 새똥처럼 보여 위장 효과가 있다.

호랑나비과

때 5~9월(2~3회)
크기 70~95mm
먹이 쥐방울덩굴, 등칡
사는 곳 산지의 풀밭, 숲
겨울잠 번데기

1 빨갛게 낳은 알. 2단으로 붙여 낳은 것도 보인다.
2 돌기가 있는 애벌레.
3 나무 줄기에 붙어서 번데기가 되려고 한다.
4 주름이 많은 번데기가 되었다.
5 취각을 내민 애벌레.

51

□ 엉겅퀴에서 꿀을 빨아먹는다.(위)
□ 주둥이를 말고 앉았다.(왼쪽)
□ 짝짓기(오른쪽)

호랑나비

어느 곳에서나 쉽게 볼 수 있는 나비로, 여러 꽃에서 꿀을 빨아먹는다. 봄형(65~80mm)에 비해 여름형(90~120mm)이 훨씬 크고, 빛깔도 진하다. 애벌레는 탱자나무, 귤나무, 황벽나무, 산초나무 등 운향과 식물의 잎을 먹으며, 1~4령까지는 새똥 같은 흑갈색을 띠다가 5령이 되면 녹색으로 바뀐다.

호랑나비과

때 4~10월(2~4회)
크기 65~120mm
먹이 운향과 식물
사는 곳 산지, 풀밭, 마을 주변
겨울잠 번데기

1 알을 낳는 암컷. **2** 낳은 지 얼마 되지 않은 알. **3** 알 속에 있는 애벌레의 머리가 비친다. **4** 애벌레가 허물을 벗으며 자란다. **5** 먹이 활동이 왕성한 1~4령 애벌레는 꼭 새똥 같다. **6** 네 번 허물을 벗고 5령이 되면 녹색으로 변한다.

1 뱀 머리같이 생긴 가짜 머리와 아래쪽에 있는 진짜 머리.
2 놀라거나 천적이 오면 취각을 내밀어 독한 냄새를 풍긴다.
3 몸을 붙이고 번데기가 되려고 한다.
4 번데기가 되었다.
5 나비가 되기 직전.

▫ 색깔이 아름답다.

호랑나비과

- **때** 5~10월(2회)
- **크기** 90~120mm
- **먹이** 백선, 방풍, 참당귀, 당근
- **사는 곳** 높은 산지의 풀밭, 강변
- **겨울잠** 번데기

산호랑나비

주로 높은 산지의 풀밭에서 점유 행동을 하며, 간혹 평지에서도 볼 수 있다. 얼레지를 비롯한 여러 꽃에서 꿀을 빨아먹는다. 애벌레는 미나리, 방풍 등을 먹는다. 호랑나비와 달리 날개 색이 진하고, 앞날개 윗면 중실에 점이 많다.

1 햇볕을 쬔다. 2 노란 알이 매끈한 고무공 같다. 3 알에서 깨어나기 직전.

4 애벌레가 꽃을 먹으려고 한다. 5 쉬는 애벌레. 6 화려한 색깔로 변해 독이 있는 것처럼 보인다. 7 먹이식물을 먹는 애벌레. 8 앞에서 본 애벌레. 9 허리실로 몸을 단단히 고정시킨 번데기.

- 방금 날개돋이 한 암컷.(위)
- 짝짓기(왼쪽)
- 주둥이를 말았다.(오른쪽)

긴꼬리제비나비

약간 그늘 진 곳을 좋아한다. 계곡을 따라 날아다니기도 한다. 수컷은 주로 물가나 습기가 있는 땅에 앉아 물을 먹는다. 엉겅퀴, 참나리 등의 꽃에서 꿀을 빨아먹는다. 날개가 가늘고 길며, 수컷은 뒷날개 윗면에 흰 띠 모양의 성표가 있다.

호랑나비과

때 5~9월(2~3회)
크기 80~120mm
먹이 산초나무, 초피나무, 머귀나무, 탱자나무
사는 곳 숲, 산지
겨울잠 번데기

1·2 애벌레. 잎에 새똥이 묻어 있는 것 같다. 3 종령 애벌레가 먹이를 먹으려고 기어간다. 4 잎을 갉아먹는 애벌레.
5 번데기도 길쭉하게 생겼다. 6 막 날개돋이 한 나비. 꼬리가 길다.

ㅁ 햇볕을 쬔다.

남방제비나비

낮은 산지의 가장자리나 마을 주변에서 너울너울 날아다니며, 맑은 날 엉겅퀴나 누리장나무 등에서 꿀을 빨아먹는 모습을 볼 수 있다. 주로 남해안과 서해안 내륙, 제주도에 퍼져 있다. 수컷의 뒷날개 윗면에 흰 성표가 있다.

호랑나비과

때 5~10월(2~3회)
크기 97~120mm
먹이 산초나무, 귤나무, 탱자나무, 머귀나무
사는 곳 낮은 산지의 숲, 마을 주변
겨울잠 번데기

1 땅에서 물을 빨아먹는다. 2 꽃을 빨고 있다. 3 잎 아랫면에 낳은 알.

1 알에서 갓 깨어난 애벌레. 2 먹이식물에 붙어서 잠시 쉰다. 3 많이 자라서 녹색으로 바뀌었다. 4 놀라거나 천적이 오면 취각을 내밀어 독한 냄새를 풍긴다. 5 나무와 번데기가 모두 갈색이다. 6 겨울잠을 자는 번데기.

▫ 철쭉에서 꿀을 빨고 있다.

제비나비

호랑나비과

때 4~9월(2~3회)
크기 80~135mm
먹이 황벽나무,
산초나무,
머귀나무
사는 곳 산지, 계곡
겨울잠 번데기

젖은 땅에서 물을 빨아먹는다. 꼬리 모양 돌기가 있어서 나는 도중에 재빨리 방향을 바꿀 수 있다. 날개 윗면은 햇빛을 받으면 청록색으로 반짝인다. 봄형(80~90mm)보다 여름형(110~135mm)이 훨씬 크고, 색깔도 진하다. 수컷은 앞날개 윗면에 검은 성표가 있다. 제비를 닮아 제비나비라고 부른다.

1 물가에서 물을 빨아먹는다. 2 몸에 털이 많다. 3 자귀나무에서 짝짓기 하는 모습. 4 세 번 허물을 벗은 4령 애벌레. 5 머리를 들고 경계한다. 6 좀더 자란 4령 애벌레. 뱀을 닮았다.

7 가짜 머리 밑에 있는 진짜 머리. 8 갈색형 번데기. 9 녹색형 번데기. 10 봄형의 짝짓기.

▫ 꿀을 빨아먹는 봄형.

산제비나비

계곡이나 산길을 따라 날아다닌다. 수컷은 주로 습기 있는 땅에 앉아 물을 빨아먹고, 여러 꽃에도 잘 모인다. 제비나비와 비슷하지만 날개의 청록색 띠가 좁고 일정하다. 봄형(55~68mm)에 비해 여름형(110~123mm)이 훨씬 크고, 색깔도 진하다. 수컷의 앞날개 윗면에 검은 성표가 있다.

호랑나비과

때 4~8월(2~3회)
크기 55~123mm
먹이 황벽나무, 머귀나무
사는 곳 산지, 계곡
겨울잠 번데기

1 물을 먹으려고 물가에 많이 모인다. 2 먹이식물 잎 위에 놓은 알. 3 새똥을 닮은 3령 애벌레. 4 알록달록한 모습이 징그럽다. 5 마른 가지에 붙어 있는 번데기.

▫ 날개를 펴고 쉰다.

청띠제비나비

남쪽 지방 바닷가나 산지에서 많이 볼 수 있다. 주로 젖은 땅에 앉아 물을 빨아먹고, 꽃에서 꿀을 먹기도 한다. 후박나무 주위를 빠르게 날아다니며, 알은 후박나무 새순 아랫면에 한 개씩 낳아 붙인다. 수컷은 뒷날개 안쪽에 희고 긴 털이 있다.

호랑나비과

때 5~9월(2~3회)
크기 58~66mm
먹이 후박나무, 녹나무
사는 곳 바닷가, 산지
겨울잠 번데기

▫ 물이 고인 땅에서 물을 빨고 있다.(위)
▫ 머리. 쉴 때는 주둥이를 잘 말고 있다.(아래)

1 새순 아랫면에 낳은 알.
2 방금 알에서 깨어난 애벌레.
3 종령 애벌레.
4 주로 먹이식물의 잎 아랫면에 번데기를 만든다.
5 풀잎에 앉아 쉰다.

흰나비과

작거나 중간 크기의 나비들로, 날개가 노란색을 띠는 종류와 흰색을 띠는 종류가 있다. 주로 풀밭에서 낮게 천천히 날아다니며, 바람이 세게 불 때는 바람을 타고 멀리 날아가기도 한다. 타원형 알은 대부분 표면이 가로줄과 세로줄이 많이 교차된 그물 무늬지만, 무늬가 없이 매끈한 종류도 있다. 애벌레는 거의 녹색으로 비슷하게 생겼고, 몸에는 잔털이 있다. 번데기로 겨울을 나는 종류가 많으며, 노랑나비 종류는 대부분 어른벌레로 겨울을 난다.

- 가냘픈 기생나비.(위)
- 타원형 알.(왼쪽)
- 갈퀴나물의 잎을 갉아먹는 애벌레.(오른쪽)

기생나비

산지의 풀밭이나 논, 밭 주변의 풀밭에서 볼 수 있다. 날씬하고 예쁘며, 바람에 날리듯이 날아다니는 모습이 마치 기생이 춤을 추는 것 같다 하여 기생나비라고 부른다. 바닷가와 섬이 아니면 어디에서나 볼 수 있다. 앞날개 끝에 있는 검은색은 암컷보다 수컷이 진하다.

흰나비과

때 4~9월(3회)
크기 35~40mm
먹이 갈퀴나물, 등갈퀴나물
사는 곳 풀밭
겨울잠 번데기

◘ 젖은 땅에 앉았다.

흰나비과

때 4~9월(3회)
크기 35~41mm
먹이 등갈퀴나물
사는 곳 풀밭
겨울잠 번데기

북방기생나비

산지의 풀밭이나 논, 밭 주변의 풀밭에서 볼 수 있다. 생태적인 습성은 기생나비와 비슷하며, 날개 끝이 기생나비보다 둥글다. 강원도와 경기도 일부, 경상북도에서 볼 수 있다. 앞날개 끝에 있는 검은색은 암컷보다 수컷이 진하다.

- 짝짓기(위)
- 꿀을 빨아먹는 어른벌레.(왼쪽)
- 어른벌레의 눈.(오른쪽)

남방노랑나비

먹이식물이 있는 낮은 산길에서 자주 눈에 띈다. 주로 남쪽 지방에 퍼져 있지만, 서해안과 경상북도에서도 볼 수 있다. 낙엽이나 바위 틈, 나무 뿌리 틈에서 어른벌레로 겨울잠을 자며, 겨울에도 날씨가 따뜻하면 간혹 날아다니는 모습이 보인다. 가을형은 앞날개 끝의 검은 무늬가 거의 없다.

흰나비과

때 5~11월(3~4회)
크기 40~50mm
먹이 비수리, 괭이싸리, 자귀나무
사는 곳 산길, 풀밭
겨울잠 어른벌레

1 알이 꼭 볼링 핀 같다. 2 비수리에 붙어 있는 애벌레. 3 거꾸로 나란히 매달려 있는 번데기. 4 날개돋이 직전. 날개가 비친다. 5 알을 낳는 암컷. 6 겨울잠을 자는 어른벌레.

- 나뭇잎에 앉아 쉬는 어른벌레.(위)
- 날개 아랫면에 갈색 띠가 있다.(왼쪽)
- 꽃에 앉은 어른벌레.(오른쪽)

극남노랑나비

남방노랑나비와 같은 곳에서도 보이지만 더 남쪽에서 보이며, 풀밭을 더 좋아한다. 남방노랑나비는 앞날개 끝 검은 무늬에 이빨 같은 무늬가 있고, 극남노랑나비는 뒷날개 아랫면에 갈색 가로줄이 있다.

흰나비과

때 5~11월(3~4회)
크기 35~40mm
먹이 차풀
사는 곳 산길, 풀밭
겨울잠 어른벌레

□ 막 날개돋이를 하고 번데기 껍질에 매달려 날개를 말린다.

흰나비과

때 6~10월(1회)
크기 55~65mm
먹이 갈매나무
사는 곳 산지의 풀밭
겨울잠 어른벌레

각시멧노랑나비

날개의 빨간 점이 연지곤지를 찍은 신부 같다고 하여 각시멧노랑나비라고 부른다. 어른벌레로 겨울잠을 자고 나면 날개에 주근깨 같은 갈색 반점이 무수히 생기고, 날개도 많이 해진다. 한여름에는 여름잠을 잔다. 수컷의 날개는 노란색이며, 암컷은 옅은 연두색이다.

1 어른벌레의 눈.
2 갈매나무 가지에 낳은 알.
3 깨어나기 전에 빨개진 알.
4 애벌레
5 벌집 옆에서 번데기가 되었다.

■ 번데기에서 방금 날개돋이 한 어른벌레.

흰나비과

때 6~10월(1회)
크기 55~66mm
먹이 갈매나무
사는 곳 산지의 풀밭
겨울잠 어른벌레

멧노랑나비

겨울잠에서 깬 어른벌레는 5~6월에 활동하며 알을 낳는다. 날개가 마치 꽃잎 같다. 무더운 여름에는 여름잠을 잔다. 수컷의 날개는 노란색이며, 암컷은 옅은 연두색이다. 각시멧노랑나비와 비슷하지만 멧노랑나비는 앞날개 끝의 점이 선명하고 굵으며, 붉은 점도 크고 선명하다.

1 마치 꽃잎이 붙어 있는 것 같다. 2 알 표면이 매끈하다. 3 애벌레 등에 털이 있다. 4 번데기가 되기 위해 잎 아랫면에 매달렸다. 5 번데기가 되었다. 6 노란 날개가 완성되었다.

- 짝짓기(위)
- 꿀을 빨아먹는 수컷.(왼쪽)
- 꿀을 빨아먹는 백색형 암컷.(오른쪽)

흰나비과

- **때** 3~10월(3~4회)
- **크기** 47~52mm
- **먹이** 자운영, 토끼풀, 아까시나무
- **사는 곳** 풀밭
- **겨울잠** 번데기

노랑나비

전국의 시골 마을 주변에서 쉽게 볼 수 있다. 다른 흰나비들에 비해 힘차고 빠르게 날아다닌다. 짝짓기를 하려고 암컷의 번데기 앞에서 날개돋이 하기를 기다리는 수컷을 볼 수 있다. 수컷은 노란색이고, 암컷은 백색형과 황색형이 있다. 백색형이 유전적으로 우성이어서 수컷이 더 좋아한다.

1 알 표면에 그물 같은 무늬가 있다.
2 2령 애벌레.
3 5령 애벌레.
4 날개가 만들어지는 번데기.
5 털이 보송보송하다.

▫ 수컷의 앞날개 끝에 주황색 무늬가 살짝 보인다.

흰나비과

때 4~6월(1회)
크기 45~50mm
먹이 황새냉이, 논냉이
사는 곳 풀밭
겨울잠 번데기

갈구리나비

낮은 산지의 풀밭이나 논, 밭 주변에서 나풀거리며 날아다닌다. 6월부터 이듬해 3월까지 번데기로 지낸다. 앞날개 끝이 갈고리를 닮았다 하여 갈구리나비라고 부른다. 뒷날개 아랫면은 녹색 무늬가 얽혀 있고, 수컷의 앞날개 끝에는 주황색 무늬가 있다.

1 암컷은 날개에 주황색이 없다. 2 눈의 무늬가 벌집 같다. 3 냉이에 거꾸로 붙어 있는 알. 4 꼬투리에 착 달라붙어 있는 애벌레. 5 애벌레의 머리. 6 가시같이 생긴 번데기.

▫ 수컷이 유채꽃에서 꿀을 빨고 있다.

흰나비과

때 3~10월(4~5회)
크기 45~65mm
먹이 케일, 유채, 배추, 무
사는 곳 산지, 풀밭
겨울잠 번데기

배추흰나비

마을 주변, 논, 밭, 산지 등 어디에서나 쉽게 볼 수 있다. 애벌레는 배추, 케일 등을 먹는다. 최근에는 학습용으로 기르거나 각종 나비 날리기 행사에서 자주 볼 수 있다. 암컷은 수컷보다 날개 기부에 검은 무늬가 많고, 검은 점도 크다.

1 땅에 모여서 물을 빨아먹는다. 2 눈 아래에 동그랗게 말린 입이 살짝 보인다. 3 짝짓기 4 암컷이 배를 치켜세우며 짝짓기를 거부한다.

5 타원형 알. 6 알에서 갓 깨어난 애벌레. 7 종령 애벌레. 8 애벌레에 기생하려고 알을 낳는 기생벌. 9 고치벌 애벌레가 배추흰나비 애벌레를 뚫고 나와 고치를 틀었다. 10 케일 잎 아랫면에 숨어 있는 번데기.

▫ 땅에 모여 앉아 물을 빨아먹는다.

상제나비

산지의 숲에 있는 빈 터나 산길 등에서 볼 수 있다. 먹이식물의 잎에 한 번에 50~60개씩 알을 낳는다. 애벌레는 실을 토해 잎을 엮고 그 속에서 겨울을 지낸다. 날개맥이 검고 선명하며, 날개는 온통 흰색이다. 강원도 일부 지역에서만 볼 수 있다. 환경부 지정 멸종 위기종이다.

흰나비과

때 5~6월(1회)
크기 62~70mm
먹이 살구, 개살구, 털야광나무
사는 곳 숲
겨울잠 애벌레

▫ 번데기(왼쪽)
▫ 엉겅퀴 꽃에서 꿀을 빨고 있다.(오른쪽)

흰나비과

때 4~10월(3~4회)
크기 37~54mm
먹이 나도냉이
사는 곳 산지, 풀밭
겨울잠 번데기

대만흰나비

낮은 산지의 풀밭이나 마을 주변에서 볼 수 있지만, 제주도에는 살지 않는다. 엉겅퀴, 개망초 등의 꽃에서 꿀을 빨아먹는다. 배추흰나비와 비슷한데, 날개맥 끝부분에 검은 점이 있어 구별된다. 특히 대만에 많이 산다고 해서 대만흰나비라고 부른다.

◘ 꿀을 빨아먹는 어른벌레.

줄흰나비

높은 산지의 풀밭이나 산길에서 볼 수 있다. 큰줄흰나비와 아주 비슷하나, 줄흰나비는 앞날개 아랫면 중실 부분에 검은 무늬가 없이 하얗다. 암컷이 수컷보다 크며, 날개의 검은 점이 크고 검은 줄도 진하다. 경상북도 위쪽 지역에서 볼 수 있다.

흰나비과

때 4~9월(2~3회)
크기 40~51mm
먹이 꽃황새냉이, 나도냉이
사는 곳 산지의 풀밭
겨울잠 번데기

1 날개를 펴고 앉았다.　2 세로줄이 있는 알.　3 털이 많은 애벌레.　4 날개돋이 직전. 날개가 비친다.

▫ 꿀을 빨아먹는 암컷.

큰줄흰나비

산지의 풀밭, 마을 주변의 논과 밭에서 흔히 볼 수 있다. 엉겅퀴, 케일, 유채 등 여러 가지 꽃에서 꿀을 빨아먹는다. 수컷의 날개에서 오렌지 향이 난다. 암컷이 수컷보다 크며, 날개의 검은 점이 크고 검은 줄도 진하다.

흰나비과

때 4~10월(3~4회)
크기 55~65mm
먹이 케일, 배추, 무, 냉이
사는 곳 산지, 풀밭
겨울잠 번데기

1 꿀을 빨아먹는 수컷. 2 진달래에서 꿀을 빨고 있다. 3 짝짓기. 날개 아랫면이 하얀 분을 칠한 것 같다.

1 잎 아랫면에 알을 낳는다. 2 알이 꼭 꽃봉오리 같다. 3 애벌레가 케일 잎을 열심히 갉아먹는다. 4 몸에 수많은 점과 털이 있다. 5 줄기에 착 달라붙어 번데기가 되려고 한다. 6 줄기와 색이 같은 번데기.

■ 풀색 무늬가 있는 날개 아랫면이 예쁘다.

흰나비과

- **때** 4~10월(3~4회)
- **크기** 40~55mm
- **먹이** 콩다닥냉이, 꽃장대
- **사는 곳** 풀밭
- **겨울잠** 번데기

풀흰나비

냇가의 풀밭에서 볼 수 있다. 먹이식물이 있는 곳에서 멀리 이동하지 않기 때문에 같은 곳에서 여러 마리가 한꺼번에 눈에 띈다. 날개 아랫면의 무늬가 짙은 풀색이어서 풀흰나비라고 부른다. 암컷은 앞날개 윗면 아래쪽에 있는 검은 점이 선명하다.

1 빨간 알에 세로 홈이 깊게 파였다. 2 노란 줄이 보인다. 3 번데기 4 꽃에 앉은 어른벌레.

부전나비과

 '부전' 이라는 말은 '작고 아름답다'는 뜻으로, 사진틀 같은 것의 모서리에 끼우는 삼각형 장식물을 일컫는다. 나비는 대부분 애벌레 때 식물의 잎을 먹고 살지만, 부전나비 중에는 특이하게 개미와 공생하는 육식성 나비도 있다. 우리 나라에는 56종이 살며, 크게 귤빛부전나비와 녹색부전나비, 까마귀부전나비, 부전나비 종류가 있다. 알은 생김새와 색깔, 표면의 형태가 다양하지만 작고 납작한 모양이 많다. 다른 과의 나비들보다 야외에서 찾기 힘들다. 애벌레는 보통 작고 납작한 타원형이다. 대부분 알로 겨울을 나지만, 애벌레나 번데기, 어른벌레로 겨울잠을 자는 종류도 있다.

▫ 아랫면에 바둑돌 같은 검은 점이 있다.

바둑돌부전나비

애벌레 때 조릿대, 이대, 신이대에 기생하는 일본납작진딧물을 먹고 사는 육식성 나비다. 어른벌레는 진딧물의 분비물을 먹는다. 음지에서 날아다니기 때문에 주의 깊게 관찰해야 볼 수 있다. 먹이가 있는 곳에서 멀리 날아가지 않는다. 날개 아랫면의 검은 점이 바둑돌을 닮아 바둑돌부전나비라고 부른다.

부전나비과

때 5~10월(3~4회)
크기 24~30mm
먹이 일본납작진딧물
사는 곳 이대, 신이대가 자라는 음지
겨울잠 애벌레

1 머리와 몸통. 2 알약같이 납작하게 생긴 알. 3 3령 애벌레가 먹이를 먹으려고 기어간다. 4 종령 애벌레. 5 겨울잠을 자는 애벌레. 6 번데기

◘ 반짝이는 푸른색이 예쁘다.

남방남색부전나비

제주도 일부 지역에서만 볼 수 있다. 햇빛이 잘 비치는 종가시나무 잎에 앉아 쉬기도 한다. 어른벌레로 겨울을 나며, 이듬해 4월까지 어른벌레를 볼 수 있다. 날개 윗면은 화려하고 짙은 푸른색을 띠지만, 아랫면은 연한 갈색이다.

부전나비과

때 6~11월(3회)
크기 34~36mm
먹이 종가시나무
사는 곳 종가시나무 숲
겨울잠 어른벌레

1 나뭇잎 위에서 날개를 접고 쉰다. 2 3령 애벌레. 3 나뭇잎과 색이 같은 번데기.

▫ 날개 아랫면이 예쁘다.(위)
▫ 알이 꽃 모양이다.(아래)

선녀부전나비

숲 가장자리나 계곡 주변에서 볼 수 있다. 해질 무렵 먹이식물의 근처에서 잘 날아다닌다. 새로 난 가지의 갈라진 틈에 꽃 모양 알을 낳는다. 흰 바탕에 검은 점이 있는 날개 아랫면이 선녀의 자태를 연상케 한다.

부전나비과

때 6~8월(1회)
크기 30~41mm
먹이 쥐똥나무, 개회나무
사는 곳 숲
겨울잠 알

▫ 뒷날개 꼬리 모양 돌기에 붉은 무늬가 있다.

부전나비과

때 6~8월(1회)
크기 33~43mm
먹이 물푸레나무,
쇠물푸레나무
사는 곳 숲
겨울잠 알

금강산귤빛부전나비

산지의 계곡 주변 숲에서 볼 수 있다. 주로 나무 밑부분에 알을 낳는다. 꼬리 모양 돌기가 있으며, 암컷은 수컷에 비해 앞날개 윗면의 붉은 부분이 넓고, 뒷날개의 꼬리 모양 돌기에도 붉은 무늬가 있다. 금강산에서 처음 발견되었기 때문에 금강산귤빛부전나비라고 부른다.

1 날개 아랫면 빛깔도 아름답다. 2 다리와 더듬이 무늬가 재미있다. 3 새순 사이에 있는 애벌레.

- 붉은빛이 도는 날개 아랫면.(위)
- 햇빛을 받으면 더욱 붉어 보인다.(왼쪽)
- 어른벌레의 머리.(오른쪽)

부전나비과

때 6~10월(1회)
크기 42~50mm
먹이 복숭아나무, 살구나무, 자두나무
사는 곳 숲, 민가 주변
겨울잠 알

암고운부전나비

민가 주변의 복숭아나무가 있는 곳이나 먹이식물이 있는 산지에서 생활한다. 한여름에는 더운 날씨를 피해서 여름잠을 자며, 주로 오후 늦게 활동한다. 수컷보다 암컷의 날개가 곱다고 해서 암고운부전나비라고 부른다. 암컷의 앞날개 윗면에는 주황색 반원이 있다.

1 먹이식물의 눈 주위에 낳은 알. 2 가지 사이에 알 12개가 모여 있다. 3 1령 애벌레. 4 3령 애벌레. 5 종령 애벌레. 6 번데기가 되려 한다. 7 낙엽에 몸을 숨긴 번데기.

▫ 나뭇잎에서 쉰다.

부전나비과

때 5~7월(1회)
크기 35~42mm
먹이 졸참나무, 떡갈나무
사는 곳 숲
겨울잠 알

굴빛부전나비

산지의 숲에서 볼 수 있다. 해질 무렵 활발하게 날아다니고, 그 외에는 대부분 나뭇잎에 앉아 쉰다. 암컷은 먹이식물의 눈 주위에 알을 낳으며, 알에 자신의 꼬리 털을 붙여서 위장하는 습성이 있다. 애벌레는 새순 속에서 생활하며 새순을 파먹는다. 어른벌레는 나뭇잎에 맺힌 이슬을 빨아먹기도 한다.

1 어른벌레의 머리. 2 암컷 3 먹이식물의 눈 옆에 놓은 알. 암컷이 털과 분비물로 알을 위장했다. 4 애벌레가 잎을 갉아먹은 흔적이 보인다. 5 애벌레의 머리. 6 실로 몸을 고정하고 번데기가 되려 한다.

■ 그늘에 숨어 있는 암컷.

부전나비과

때 5~7월(1회)
크기 40~45mm
먹이 갈참나무,
떡갈나무
사는 곳 숲
겨울잠 알

시가도귤빛부전나비

해질 무렵 먹이식물 근처를 날아다니고, 낮에는 거의 활동하지 않는다. 요즘에는 개체수가 점점 줄어 보기 어렵다. 날개 아랫면의 무늬가 도로와 건물이 잘 배열된 도시의 모양을 닮았다 하여 시가도귤빛부전나비라고 부른다. 암컷은 앞날개 끝의 검은 무늬가 수컷보다 넓다.

▫ 날개 아랫면에 흰 줄이 있다.

참나무부전나비

산지의 참나무 숲에서 볼 수 있다. 낮에는 거의 활동하지 않고, 해질 무렵에 주로 활동한다. 나는 힘이 약해서 바람이 불면 낮은 곳으로 내려앉는다. 날개 윗면 기부 쪽으로 군청색 무늬가 있어 주황색인 아랫면과 대조를 이룬다.

부전나비과

때 6~7월(1회)
크기 30~35mm
먹이 갈참나무, 신갈나무
사는 곳 참나무 숲
겨울잠 알

□ 날개를 접고 앉은 모습.(위)
□ 나무 줄기 틈에 낳은 알.(아래)

부전나비과

때 6~7월(1회)
크기 30~40mm
먹이 가래나무
사는 곳 숲
겨울잠 알

긴꼬리부전나비

가래나무가 있는 강원도 일부 지역에서만 볼 수 있다. 낮에는 거의 움직이지 않고, 오후 늦게 먹이식물 근처에서 날아다니며 젖은 땅에서 물을 빨아먹는 모습이 눈에 띈다. 간혹 이른 아침에 잠깐 활동하기도 한다. 날개가 온통 갈색인 윗면보다 아랫면의 무늬와 빛깔이 예쁘다.

■ 나무 그늘에 앉아 쉰다.(위)
■ 나뭇잎에서 물기를 빨고 있다.(아래)

담색긴꼬리부전나비

참나무 숲에서 볼 수 있다. 오전에는 나뭇잎에 앉아 쉬고, 오후에 날아다닌다. 알은 먹이식물의 줄기가 갈라진 곳에 낳는다. 긴꼬리부전나비와 같이 날개 아랫면이 더 예쁘다. 암컷과 수컷의 겉모습이 거의 비슷하다.

부전나비과

때 6~8월(1회)
크기 30~35mm
먹이 갈참나무, 떡갈나무
사는 곳 숲
겨울잠 알

◘ 오전에는 주로 나뭇잎에 앉아 있다.

부전나비과

때 6~8월(1회)
크기 30~33mm
먹이 상수리나무, 갈참나무
사는 곳 숲
겨울잠 알

물빛긴꼬리부전나비

산지의 참나무 숲에서 볼 수 있다. 오전에는 활동하지 않고 나뭇잎에 앉아 있다가 오후에 먹이식물 근처에서 날아다닌다. 날개 아랫면의 빛깔이 물빛을 닮았으며, 햇빛에 반사되는 날개가 아름답다.

□ 수컷(위)
□ 노란 애벌레.(아래)

암붉은점녹색부전나비

오전부터 활동하기는 하나, 주로 오후에 잘 날아다닌다. 일정한 공간을 확보하기 위한 점유 행동을 한다. 수컷은 광택이 나는 녹색을 띠지만, 암컷은 앞날개 윗면이 흑갈색이며 빨간 막대 무늬가 있다.

부전나비과

때 6~8월(1회)
크기 30~35mm
먹이 벚나무, 귀룽나무
사는 곳 숲
겨울잠 알

□ 암컷

부전나비과

때 6~8월(1회)
크기 35~40mm
먹이 굴참나무, 신갈나무
사는 곳 참나무 숲
겨울잠 알

북방녹색부전나비

산지나 계곡 주변의 참나무 숲에서 볼 수 있다. 해 뜰 무렵에 2~3시간 활발하게 날아다닌다. 수컷들은 만나면 영역을 차지하기 위해 빙글빙글 돌면서 오르내린다. 수컷은 반짝이는 녹색이고, 암컷은 흑갈색 바탕에 주황색 무늬가 있다.

▫ 수컷

은날개녹색부전나비

낮은 산지의 참나무 숲에서 볼 수 있다. 이른 아침과 오후 늦게 활동한다. 알은 먹이식물의 가지 사이에 낳는다. 수컷의 날개 윗면은 반짝이는 청람색이고, 암컷의 날개 윗면은 흑갈색이다. 날개 아랫면은 암수 모두 반짝이는 은색이다.

부전나비과

때 6~8월(1회)
크기 35~38mm
먹이 갈참나무, 떡갈나무
사는 곳 참나무 숲
겨울잠 알

1 암컷 2 암수 모두 날개 아랫면이 은색이다. 3 알에 가시가 돋친 것 같다.

◘ 암컷

작은녹색부전나비

낮은 산지의 계곡 주변에 있는 오리나무 근처에서 볼 수 있다. 오전에는 활동하지 않고 오후 늦게 활발히 날아다닌다. 날개 윗면은 반짝이는 녹색을 띠고, 아랫면에는 주황색 바탕에 희고 긴 세로줄이 있다. 요즘에는 보기 힘들다.

부전나비과

때 6~7월(1회)
크기 33~38mm
먹이 오리나무
사는 곳 숲
겨울잠 알

▫ 볕을 쬔다.

부전나비과

때 6~8월(1회)
크기 36~38mm
먹이 갈참나무, 떡갈나무
사는 곳 참나무 숲
겨울잠 알

검정녹색부전나비

오후 늦게 활발히 날아다니며, 나무 꼭대기에서 좀처럼 밑으로 내려오지 않는다. 알은 먹이식물의 가장 높은 가지 끝에 낳는 경우가 많다. 다른 녹색부전나비 종류와 달리 수컷의 날개 윗면이 검다. 경기도, 강원도, 충청도 일부 지역에서만 볼 수 있다.

□ 수컷

큰녹색부전나비

낮은 산지의 참나무 숲에서 많이 볼 수 있다. 오전에 1~2시간 활동하고 쉬다가 오후 늦게 다시 활동한다. 나무 꼭대기 주위를 날아다니며 점유 행동을 한다. 습기 있는 땅에 내려앉아 물을 빨아먹기도 한다. 녹색부전나비 종류 중에서 큰 편이다.

부전나비과

때 6~8월(1회)
크기 35~40mm
먹이 갈참나무,
 신갈나무,
 떡갈나무
사는 곳 참나무 숲
겨울잠 알

❏ 수컷

부전나비과

때 6~8월(1회)
크기 36~38mm
먹이 갈참나무,
 신갈나무,
 떡갈나무
사는 곳 참나무 숲
겨울잠 알

깊은산녹색부전나비

강원도와 지리산 일부 지역 깊은 산지의 참나무 숲에서 볼 수 있다. 오전부터 오후까지 활동한다. 암컷의 앞날개 윗면에 주황색 막대 무늬가 있다. 막대 무늬 밑에 파란색 무늬가 있는 개체도 눈에 띈다.

■ 수컷(위)
■ 먹이식물의 눈 밑에 놓은 알.(아래)

금강산녹색부전나비

산지의 떡갈나무가 많은 곳에서 볼 수 있으며, 해 뜰 무렵과 해질 무렵에 활발히 날아다닌다. 오후 늦게 나무 꼭대기에서 점유 행동을 한다. 먹이식물의 눈 주위나 줄기 틈에 알을 낳는다. 암컷의 앞날개 윗면에 주황색이나 보라색 막대 무늬가 있다.

부전나비과

때 6~8월(1회)
크기 35~41mm
먹이 떡갈나무
사는 곳 참나무 숲
겨울잠 알

◘ 암컷

부전나비과

때 6~8월(1회)
크기 32~37mm
먹이 갈참나무, 떡갈나무
사는 곳 참나무 숲
겨울잠 알

넓은띠녹색부전나비

낮은 산지의 참나무 숲에서 볼 수 있다. 오전에는 거의 활동하지 않고 오후에 활발히 움직인다. 암컷은 그늘 진 곳에서 쉬는 일이 많으며, 먹이식물의 가지 사이나 겨울눈에 알을 낳는다. 날개 아랫면의 흰 세로줄이 녹색부전나비 종류 중에서 가장 넓다.

▫ 날개를 펴고 앉은 수컷.(왼쪽)
▫ 암컷은 날개 윗면이 갈색이다.(오른쪽)

산녹색부전나비

산지나 계곡 주변의 참나무 숲에서 흔히 볼 수 있다. 오전부터 오후까지 활동하고, 오전 10시 무렵부터 한 시간 정도 가장 활발하게 날아다닌다. 오전에는 아래로 내려오는 일이 많지만, 오후에는 나무 꼭대기에서 날아다닌다. 알은 먹이식물의 낮은 가지에 있는 눈에 낳는다.

부전나비과

때 6~8월(1회)
크기 30~40mm
먹이 신갈나무,
　　　 갈참나무,
　　　 떡갈나무
사는 곳 참나무 숲
겨울잠 알

1 가지 틈에 놓은 알. 2 등에 돌기가 있어 갑옷 같아 보인다. 3 나뭇잎에 붙어 있는 번데기. 4 쉬는 어른벌레.

부전나비과

때 4~8월(2회)
크기 33~35mm
먹이 고삼, 조록싸리, 아까시나무, 갈매나무
사는 곳 숲
겨울잠 번데기

범부전나비

낮은 산지의 숲이나 계곡 주변의 숲에서 볼 수 있다. 개망초, 매화나무 등의 꽃에서 꿀을 빨아먹는다. 애벌레는 먹이식물의 잎보다 꽃을 좋아한다. 날개 아랫면의 줄이 호랑이 무늬와 닮았다. 수컷은 뒷날개 윗면 기부에 갈색 삼각형 성표가 있다.

□ 돌에 앉아 쉬는 어른벌레.(위)
□ 땅에서 물을 빨아먹는 어른벌레.(왼쪽)
□ 꽃대에 붙어 있는 애벌레.(오른쪽)

쇳빛부전나비

산지의 숲이나 평지에서 볼 수 있다. 나무 사이나 산길을 비교적 빠른 속도로 이리저리 날아다닌다. 애벌레는 먹이식물의 잎과 꽃봉오리를 모두 먹는다. 날개 윗면은 광택이 나는 청람색이고, 아랫면은 쇳빛이다. 수컷 뒷날개 윗면 기부에 검은 타원형 성표가 있다.

부전나비과

때 4~5월(1회)
크기 25~30mm
먹이 진달래, 조팝나무
사는 곳 숲
겨울잠 번데기

▫ 돌에 앉은 어른벌레.(위)
▫ 먹이식물의 꽃봉오리에 낳은 알.(왼쪽)
▫ 조팝나무 열매와 닮은 애벌레.(오른쪽)

부전나비과

때 4~5월(1회)
크기 25~35mm
먹이 조팝나무
사는 곳 숲
겨울잠 번데기

북방쇳빛부전나비

강원도 북쪽 지역 산지의 숲이나 평지에서 볼 수 있다. 햇볕이 드는 따뜻한 곳에 앉아 볕을 쬐기도 한다. 애벌레는 조팝나무의 열매를 좋아한다. 습성과 생김새는 쇳빛부전나비와 비슷하나, 북방쇳빛부전나비 뒷날개의 꼬리 모양 돌기가 더 크고, 뒷날개 아랫면의 흑갈색 물결 무늬가 하나 더 있다.

- 꿀을 먹는 어른벌레.(위)
- 나무의 갈라진 틈에 낳은 알.(왼쪽)
- 나뭇잎과 닮은 애벌레.(오른쪽)

까마귀부전나비

계곡 주변의 산길이나 먹이식물이 많은 숲에서 볼 수 있다. 햇볕을 많이 받을 수 있게 날개를 세우고 볕을 쬐기도 한다. 수컷의 앞날개 윗면 전연부에 작고 검은 타원형 성표가 있다. 강원도와 경기도 일부 지역에서 볼 수 있다.

부전나비과

때 6~7월(1회)
크기 33~36mm
먹이 느릅나무
사는 곳 숲
겨울잠 알

◘ 나뭇잎에 맺힌 이슬을 빨아먹는다.

부전나비과

때 6~7월(1회)
크기 32~36mm
먹이 갈매나무,
참갈매나무,
털갈매나무
사는 곳 숲
겨울잠 알

참까마귀부전나비

알은 먹이식물의 가지가 갈라지는 틈에 낳으며, 먹이식물이 적은 곳에서는 한 번에 15개 정도 집중적으로 낳기도 한다. 까마귀부전나비류 중에서 꼬리 모양 돌기가 가장 길다. 수컷은 앞날개 전연부에 갈색 타원형 성표가 있다. 까마귀부전나비류는 전국적으로 많지 않아 관찰하기 어렵다.

1 암컷 2 나뭇잎에서 쉰다. 3 가지 사이에 알을 여러 개 낳았다.

4 알에서 갓 깨어난 애벌레.
5 3령 애벌레.
6 종령 애벌레.
7 번데기가 되려 한다.
8 낙엽에 붙어 있는 번데기.

- 나뭇잎에서 쉰다.(위)
- 조팝나무에 앉은 어른벌레.(왼쪽)
- 암컷(오른쪽)

꼬마까마귀부전나비

강원도와 경기도 일부 지역 산지의 능선 주변 먹이식물이 많은 곳에서 볼 수 있다. 애벌레는 먹이식물의 잎이나 꽃 모두 잘 먹는다. 알에서 깨어나면 먼저 꽃봉오리를 먹고 나중에 잎을 먹는다. 까마귀부전나비 종류 중에서 가장 작다.

부전나비과

때 6~7월(1회)
크기 15~22mm
먹이 조팝나무
사는 곳 숲
겨울잠 알

1 알이 먹이식물의 눈 옆에 바짝 붙어 있다. 2 2령 애벌레. 3 조팝나무 잎을 먹는 4령 애벌레. 4 애벌레의 머리가 까맣다. 5 번데기가 되기 전에 색깔이 바뀌었다. 6 번데기 표면에 털이 많다.

▫ 꼬리 모양 돌기가 없다.

민꼬리까마귀부전나비

계곡 주변의 숲에서 볼 수 있다. 오후 늦게 먹이식물 근처에서 빠르게 날아다니지만 평소에는 잘 날아다니지 않는다. 알은 먹이식물의 가지 사이나 눈 옆에 낳는다. 날개 윗면은 온통 흑갈색이다. 다른 까마귀부전나비 종류와 달리 꼬리 모양 돌기가 없다.

부전나비과

때 5~6월(1회)
크기 28~32mm
먹이 귀룽나무, 털야광나무
사는 곳 숲
겨울잠 알

1 나뭇잎의 습기를 빨아먹는다. 2 가지 사이에 낳은 알. 3 눈 옆에 낳은 알. 4 종령 애벌레. 5 번데기가 되기 직전의 애벌레. 6 번데기 모양이 마치 가지에 새로 난 눈 같다.

1 나뭇잎에 앉아 쉰다. 2 나뭇가지 사이에 낳은 알. 돌기가 많다. 3 먹이식물을 먹는 애벌레. 4 모양과 색깔이 새똥을 닮은 번데기.

벚나무까마귀부전나비

낮은 산지의 벚나무가 많은 숲에서 볼 수 있다. 해 뜰 무렵과 오후 늦게 잠깐씩 날아다녀서 관찰하기 어렵다. 알은 먹이식물의 가지가 갈라지는 곳에 낳는다. 암컷보다 수컷의 날개 빛깔이 약간 진하다.

부전나비과

때 5~6월(1회)
크기 34~37mm
먹이 벚나무, 왕벚나무, 복숭아나무
사는 곳 숲
겨울잠 알

▫ 나뭇잎에 앉은 어른벌레.(위)
▫ 꽃에서 꿀을 빨아먹는 어른벌레.(아래)

부전나비과

때 6~7월(1회)
크기 28~32mm
먹이 개미와 공생
사는 곳 숲
겨울잠 애벌레

쌍꼬리부전나비

낮은 산지의 숲과 가까운 풀밭에서 볼 수 있으며, 해질 무렵에 활발히 날아다닌다. 개미가 많은 곳에 있는 나무의 가지나 줄기에 알을 낳는다. 개미들이 알에서 깨어난 애벌레를 개미집으로 옮겨 가 공생한다. 애벌레는 개미집에서 겨울을 난다.

◘ 꿀을 빨고 있다.

작은주홍부전나비

산지나 평지, 민가 주변의 양지바른 풀밭에서 볼 수 있다. 민들레, 개망초, 쑥부쟁이 등 여러 꽃에서 꿀을 빨아먹는다. 빨간색이라 풀밭에서 쉽게 눈에 띈다. 큰주홍부전나비보다 작고, 암컷과 수컷의 생김새는 비슷하다.

부전나비과

때 4~10월(3~4회)
크기 27~35mm
먹이 수영, 애기수영, 소리쟁이
사는 곳 풀밭
겨울잠 애벌레

1 거꾸로 앉은 어른벌레.
2 볕을 쬐는 어른벌레.
3 알은 벌집 모양이다.
4 납작한 애벌레.
5 허리를 실로 매단 번데기.

□ 나뭇잎에 앉아 쉬는 수컷.(위)
□ 암컷.(왼쪽)
□ 어른벌레의 머리.(오른쪽)

큰주홍부전나비

경기도와 충청도의 서해안 일부 지역 냇가나 무덤가, 논, 밭 주변의 풀밭에서 볼 수 있다. 양지바른 곳을 좋아하며, 개망초와 민들레 등의 꽃에서 꿀을 먹는다. 수컷의 앞날개는 온통 붉으며, 암컷은 검은 점이 예쁘게 배열되어 있다.

부전나비과

때 5~10월(3회)
크기 30~40mm
먹이 소리쟁이, 참소리쟁이
사는 곳 풀밭
겨울잠 애벌레

1 알이 납작하다.
2 잎 하나에 알 여러 개를 듬성듬성 낳았다.
3 애벌레의 배설물이 보인다.
4 번데기가 되기 위해 몸에 실을 감았다.
5 잎 아랫면에서 번데기가 되었다.

- 짝짓기(위)
- 일광욕하는 암컷.(왼쪽)
- 알을 낳는 암컷.(오른쪽)

남방부전나비

낮은 산의 풀밭에서 흔히 볼 수 있다. 풀밭을 낮게 날아다닌다. 낮에 가만히 앉아 일광욕하는 모습이 자주 눈에 띄고, 풀잎에 앉아 날개를 비비는 모습도 보인다. 수컷의 날개 윗면은 청람색이고, 암컷은 갈색이다.

부전나비과

때 4~10월(4~5회)
크기 28~31mm
먹이 괭이밥
사는 곳 풀밭
겨울잠 애벌레

1 어른벌레의 눈.
2 알이 납작하다.
3 3령 애벌레.
4 종령 애벌레.
5 나뭇잎과 같은 색을 띠는 번데기.

1 나뭇잎에 앉아 볕을 쬔다. 2 빛깔이 예쁜 알에 여러 가지 무늬가 있다. 3 알을 낳은 모양이 특이하다. 4 2령 애벌레들이 함께 모여 있다.

담흑부전나비

산지의 숲과 가까운 풀밭에서 볼 수 있다. 엉겅퀴나 개망초 등의 꽃에서 꿀을 빨아먹는다. 개미가 많은 곳에 있는 나무의 줄기나 가지에 알을 여러 개 낳는다. 알에서 깨면 2령까지는 진딧물과 공생하며 집단으로 생활하다가 3령이 되면 개미들이 애벌레를 개미집으로 옮겨 가 공생한다.

부전나비과

때 6~8월(1회)
크기 32~42mm
먹이 개미와 공생
사는 곳 풀밭
겨울잠 애벌레

1 알을 낳는 암컷. 2 짝짓기 3 번데기는 털이 많다. 4 꽃과 잘 어울리는 어른벌레.

부전나비과

때 3~10월(3~4회)
크기 20~30mm
먹이 매듭풀, 갈퀴나물
사는 곳 풀밭
겨울잠 애벌레

암먹부전나비

산지의 풀밭, 논과 밭 주변, 무덤 가 등 전국의 초원 지대에서 흔히 볼 수 있다. 여름에는 뒷날개 아랫면의 꼬리 모양 돌기 부분에 반짝이는 은색 무늬가 있어 아름답다. 수컷의 날개는 청람색이고, 암컷의 날개는 검다.

1 꽃과 잘 어울린다. 2 햇볕을 쬔다. 3 짝짓기 4 다른 수컷들이 짝짓기를 방해한다.

먹부전나비

전국에 있는 산지나 평지의 풀밭에서 흔히 관찰된다. 애벌레는 먹이식물의 줄기를 파고 들어가서 생활하는 경우가 많다. 암먹부전나비가 있는 곳에서 같이 보인다. 암먹부전나비와 비슷하나 암수 모두 날개가 흑갈색이고, 날개 아랫면이 담회색이며, 검은 점도 약간 크다.

부전나비과

때 4~10월(3~4회)
크기 20~28mm
먹이 바위채송화, 돌나물, 기린초
사는 곳 풀밭
겨울잠 애벌레

5 알을 낳는 암컷. 6 알 가운데가 움푹 들어갔다. 7 3령 애벌레. 8 4령 애벌레. 9 털이 듬성듬성 났다. 10 날개돋이 하기 직전의 번데기.

□ 짝짓기(위)
□ 예쁜 연두색 알.(아래)

푸른부전나비

전국에 있는 산지의 풀밭이나 민가 주변의 논, 밭에서 자주 눈에 띈다. 애벌레는 꽃봉오리를 주로 먹는다. 수컷의 날개 윗면은 청람색이고, 암컷은 날개 가장자리가 검다. 날개 아랫면은 암수 모두 밝은 회색이다.

부전나비과

때 3~10월(4~5회)
크기 22~28mm
먹이 싸리, 고삼, 아까시나무
사는 곳 풀밭
겨울잠 번데기

□ 짝짓기

부전나비과

때 6월(1회)
크기 30~35mm
먹이 가침박달
사는 곳 숲
겨울잠 알

회령푸른부전나비

경상북도와 강원도 일부 지역 산지의 숲에서 볼 수 있으며, 산길의 물가나 젖은 땅에 떼지어 앉아서 물을 빨아먹는 모습이 눈에 띈다. 알은 먹이식물의 밑동 쪽 줄기 틈에 낳는다. 뒷날개 윗면 가장자리의 검은 점이 푸른부전나비보다 크고 뚜렷하다.

1 떼지어 앉아 물을 빨아먹는다. 2 햇볕을 쬔다. 3 방금 낳은 알은 잘생긴 산호 같다. 4 겨울을 난 알. 5 주름이 돋보이는 애벌레. 6 나뭇잎에 잘 붙어 있는 번데기.

1 뒷날개 아랫면의 주황색 띠가 인상적이다. 2 알은 예쁜 타원형이다. 3 애벌레가 방금 허물을 벗어 아래에 껍질이 보인다. 4 날개 윗면은 푸른빛이 돈다.

부전나비과

때 4~7월(2회)
크기 24~30mm
먹이 돌나물, 기린초
사는 곳 풀밭
겨울잠 번데기

작은홍띠점박이푸른부전나비

논, 밭 주변이나 산지, 냇가의 풀밭에서 볼 수 있다. 햇볕이 따스한 날 먹이식물 근처에서 일광욕을 한다. 민들레, 냉이 등의 꽃에서 꿀을 빨아먹는다. 알은 먹이식물의 잎이나 줄기에 하나씩 낳는다. 우리나라 나비 중 이름이 가장 길다.

ㅁ 햇볕을 쬔다.

큰홍띠점박이푸른부전나비

낮은 산지의 풀밭에서 볼 수 있다. 엉겅퀴나 고삼 꽃에서 꿀을 빨아먹는다. 알은 먹이식물의 꽃봉오리에 낳는다. 사는 곳의 범위가 좁아 야외에서 보기가 아주 어렵다. 암컷은 수컷보다 날개 끝의 검은색 띠가 넓고, 점이 많다.

부전나비과

때 5~6월(1회)
크기 31~38mm
먹이 고삼
사는 곳 풀밭
겨울잠 번데기

ㅁ 암컷(위)
ㅁ 수컷(아래)

- 짝짓기(위)
- 날개 아랫면의 주황색 무늬가 예쁘다.(왼쪽)
- 먹을 잎을 찾는 애벌레.(오른쪽)

부전나비

낮은 산지의 풀밭이나 논, 밭 주변에서 낮게 날아다닌다. 먹이식물 근처에 있는 다른 식물에 알을 낳기도 한다. 날개 아랫면 가장자리를 따라 일렬로 늘어선 주황색 무늬가 예쁘다. 수컷은 날개 윗면이 청람색, 암컷은 흑갈색이다.

부전나비과

때 5~10월(3~4회)
크기 25~33mm
먹이 갈퀴나물
사는 곳 풀밭
겨울잠 알

◘ 아직 생태가 밝혀지지 않은 나비다.

부전나비과

때 7~8월(1회)
크기 22~30mm
먹이 알려지지 않음
사는 곳 풀밭
겨울잠 알려지지 않음

산꼬마부전나비

한라산의 높은 지대 풀밭에서만 볼 수 있다. 이 나비의 생태는 아직 밝혀지지 않았다. 맑은 날 풀밭의 여러 가지 꽃에 모여서 꿀을 빨아먹는다. 부전나비나 산부전나비보다 크기가 작다.

□ 알을 낳는 암컷.(위)
□ 수컷(왼쪽)
□ 새순에 놓은 알.(오른쪽)

큰점박이푸른부전나비

산지의 숲이나 숲에 있는 좁은 풀밭에서 관찰된다. 흐린 날에도 천천히 잘 날아다닌다. 알은 거북꼬리 꽃봉오리에 낳는다. 거북꼬리를 먹고 자라던 애벌레가 4령이 되면 개미들이 개미집으로 옮겨 가 공생한다. 암컷은 날개 윗면의 검은 무늬가 수컷보다 훨씬 넓다.

부전나비과

때 7~9월(1회)
크기 40~48mm
먹이 거북꼬리
사는 곳 숲
겨울잠 애벌레

◘ 수컷

부전나비과

때 8~9월(1회)
크기 38~42mm
먹이 오이풀
사는 곳 풀밭
겨울잠 알려지지 않음

북방점박이푸른부전나비

강원도 일부 지역 낮은 산지의 풀밭에서만 볼 수 있는 나비로, 관찰하기 아주 어렵다. 오후에 주로 활동하며, 엉겅퀴를 비롯한 여러 꽃에서 꿀을 빨아먹는다. 생태는 아직 밝혀지지 않았지만, 큰점박이푸른부전나비처럼 개미와 공생 관계에 있는 것으로 추측된다.

▫ 꿀을 빨아먹는다.

고운점박이푸른부전나비

산지의 풀밭이나 논, 밭 주변에서 볼 수 있다. 맑은 날에 잘 날아다니며, 알은 오이풀 꽃에 낳는다. 애벌레 때는 오이풀 꽃을 먹고 자란다. 큰점박이푸른부전나비처럼 애벌레가 다 자라면 개미가 개미집으로 옮겨 가서 공생한다고 알려져 있다. 암컷 앞날개의 점이 수컷보다 크고 선명하다.

부전나비과

때 8~9월(1회)
크기 36~38mm
먹이 오이풀
사는 곳 풀밭
겨울잠 애벌레

네발나비과

이름에서 알 수 있듯이 다리가 여섯 개 중 네 개만 보이는 종류다. 퇴화되어 잘 보이지 않는 앞다리는 맛, 바람의 방향과 속도, 기온, 습도 등을 느끼는 기능을 한다. 중간 크기가 많지만 대형 종들도 있다. 나비 중에는 네발나비과에 속한 종류가 가장 많으며, 가장 진화한 무리다. 크게 뿔나비, 왕나비, 표범나비, 줄나비, 네발나비, 뱀눈나비 종류로 나뉜다. 표범나비 종류는 날개 무늬가 표범을 닮았고, 날개 아랫면에 반짝이는 은색 점이 있는 종이 많다. 줄나비 종류는 검은 바탕에 흰 점이 줄지어 있다. 뱀눈나비 종류는 눈알 모양 무늬가 있으며, 이것은 적이 무늬를 보고 놀라서 도망치게 하거나 천적이 무늬만 공격하게 함으로써 몸을 보호하려는 수단이다. 뱀눈나비 종류는 대부분 날개가 검은색이어서 빛을 잘 흡수하기 때문에 햇빛을 싫어한다. 오색나비 종류는 다섯 가지 색을 내고, 신선나비 종류는 날개 끝이 신선의 도포 자락을 닮았다.

□ 일광욕을 즐기는 어른벌레.(위)
□ 새순 사이에 알을 여러 개 낳았다.(아래)

뿔나비

산지의 계곡 주변이나 풀밭에서 볼 수 있다. 젖은 산길이나 땅에서 수백 마리가 떼로 모여 물을 빨아 먹는다. 한여름에 팽나무를 발로 툭 차면 애벌레들이 우수수 떨어질 만큼 많이 발생할 때도 있다. 어른벌레는 한여름에 여름잠을 잔다. 입을 양쪽에서 싸고 있는 아랫입술수염이 뿔처럼 생겼다.

네발나비과

때 3~10월(1~2회)
크기 34~38mm
먹이 팽나무, 풍게나무
사는 곳 숲, 풀밭
겨울잠 어른벌레

1 세로줄이 많다.
2 1령 애벌레.
3 2령 애벌레.
4 가지 위를 기어간다.
5 잎 뒤에 배 끝부분만 붙어 있는 번데기.

- 꽃에 앉은 수컷.(위)
- 날개가 반투명해 꽃잎이 다 비친다.(왼쪽)
- 알이 잎에 잘 붙어 있다.(오른쪽)

왕나비

산지의 숲이나 풀밭에서 볼 수 있다. 알과 애벌레는 제주도에서만 관찰되며, 어른벌레가 되면 북쪽으로 이동하여 지리산이나 태백산맥 등지에서도 볼 수 있고, 경기도까지 날아가기도 한다. 놀라면 갑자기 수직으로 날아오른 뒤 멀리 이동한다. 수컷의 뒷날개 윗면에 흑갈색 점이 있다.

네발나비과

때 5~9월(2~3회)
크기 80~120mm
먹이 큰조롱, 나도은조롱
사는 곳 숲, 풀밭
겨울잠 어른벌레

▫ 자운영 꽃에 앉은 암컷.(왼쪽)
▫ 토끼풀에 앉은 수컷.(오른쪽)

네발나비과

때 5~6월(1회)
크기 30~35mm
먹이 질경이
사는 곳 풀밭
겨울잠 애벌레

봄어리표범나비

산지의 풀밭에서 낮게 날아다닌다. '어리'는 진짜는 아니지만 비슷하다는 뜻이다. 표범나비류 중에서 작은 편이고, 검은 무늬가 연결되어 있다. 봄부터 어른벌레를 볼 수 있기 때문에 봄어리표범나비라는 이름이 붙었다.

◘ 어른벌레

여름어리표범나비

높은 산지의 풀밭에서 볼 수 있다. 어른벌레가 봄어리표범나비보다 한 달 정도 늦은 여름에 많이 나와서 여름어리표범나비라고 부른다. 봄어리표범나비는 날개 기부가 검지만, 여름어리표범나비는 날개 기부와 날개 색이 전체적으로 밝다.

네발나비과

때 6~7월(1회)
크기 35~40mm
먹이 제비쑥
사는 곳 풀밭
겨울잠 애벌레

▫ 수컷(위)
▫ 암컷(아래)

네발나비과

때 6~7월(1회)
크기 35~45mm
먹이 마타리
사는 곳 풀밭
겨울잠 애벌레

담색어리표범나비

남쪽 지방보다는 주로 경기도와 강원도에서 볼 수 있다. 산지의 풀밭에서 낮고 활발하게 날아다니며, 엉겅퀴나 큰까치수영 등의 꽃에서 꿀을 빨아먹는다. 생김새가 봄어리표범나비나 여름어리표범나비와 비슷하지만, 뒷날개 아랫면 끝 쪽에 검은 점 네 개가 뚜렷하다.

▫수컷

암어리표범나비

낮은 산의 숲과 맞닿은 풀밭에서 볼 수 있다. 알은 먹이식물의 잎 아랫면에 수십 개를 한꺼번에 낳는다. 애벌레는 실을 토해 먹이식물의 잎을 엮고 그 속에서 집단으로 생활한다. 수컷보다 암컷의 날개가 진해서 흑갈색으로 보인다.

네발나비과

때 6~7월(1회)
크기 45~55mm
먹이 산비장이, 수리취
사는 곳 풀밭
겨울잠 애벌레

1 검은 줄이 많은 번데기. **2** 종령 애벌레. **3** 애벌레의 머리. **4** 죽은 척하는 애벌레.

- 꿀을 빨아먹는 어른벌레.(위)
- 빛깔이 예쁜 번데기.(아래)

금빛어리표범나비

산지의 숲과 맞닿은 풀밭에서 볼 수 있다. 알은 먹이식물의 잎 아랫면에 100~200개를 한꺼번에 낳는다. 애벌레는 실을 토해 먹이식물의 잎을 엮고 그 속에서 집단으로 생활한다. 날개가 전체적으로 누런색을 띠는 어리표범나비 종류 중에서 색이 가장 밝다.

네발나비과

때 5~6월(1회)
크기 35~40mm
먹이 솔채꽃, 인동
사는 곳 풀밭
겨울잠 애벌레

□ 풀에 앉은 어른벌레.

네발나비과

때 4~10월(3회)
크기 35~40mm
먹이 졸방제비꽃
사는 곳 풀밭
겨울잠 번데기

작은은점선표범나비

산지의 풀밭, 무덤 가, 냇가의 풀밭에서 볼 수 있다. 알은 졸방제비꽃 근처에 있는 다른 풀에 한 개씩 낳는다. 봄보다는 늦여름부터 초가을에 많이 보인다. 뒷날개 아랫면에 반짝이는 은색 점들이 퍼져 있다.

1 아랫면에 반짝이는 은색 점이 있다.
2 알이 마름모 꼴이다.
3 1령 애벌레.
4 종령 애벌레.
5 나란히 매달린 번데기.

◘ 볕을 쬐는 수컷.

네발나비과

때 5~6월(1회)
크기 40~45mm
먹이 제비꽃 종류
사는 곳 풀밭
겨울잠 번데기

큰은점선표범나비

높은 산지의 풀밭에서 볼 수 있다. 볕이 좋은 날 잘 날아다닌다. 물이 있는 땅에 내려앉아 물을 빨아먹는다. 작은은점선표범나비보다 약간 크고, 뒷날개 아랫면의 은색 점이 연결되어 있다.

▫ 수컷(왼쪽)
▫ 암컷(오른쪽)

작은표범나비

경상북도보다 북쪽 지역 높은 산지의 풀밭에서 볼 수 있다. 엉겅퀴, 쥐똥나무 등에서 꿀을 빨아먹는다. 맑은 날이면 풀밭을 활기차게 날아다니는 것이 눈에 띈다. 큰표범나비와 비슷하게 생겼다.

네발나비과

때 6~8월(1회)
크기 40~45mm
먹이 알려지지 않음
사는 곳 풀밭
겨울잠 애벌레

- 땅에서 물을 빨아먹는다.(위)
- 풀잎에 앉아 쉰다.(아래)

네발나비과

때 6~7월(1회)
크기 45~50mm
먹이 오이풀
사는 곳 풀밭
겨울잠 애벌레

큰표범나비

낮은 산지의 무덤 가나 산길 주변의 풀밭에서 볼 수 있다. 엉겅퀴, 개망초 등의 꽃에서 꿀을 빨아먹는다. 작은표범나비보다 약간 크고, 뒷날개 아랫면에 보랏빛을 띠는 회색 세로줄이 있으며, 보기 힘들다.

- 짝짓기(위)
- 꿀을 빨아먹는다.(왼쪽)
- 번데기가 될 곳을 찾아가는 종령 애벌레.(오른쪽)

흰줄표범나비

산지의 풀밭에서 볼 수 있다. 개망초나 엉겅퀴 등의 꽃에서 꿀을 빨아먹으며, 젖은 땅에 앉아서 물을 빨기도 한다. 무더운 여름에는 여름잠을 자고, 더위가 지나가면 다시 활동한다. 수컷은 앞날개 윗면에 진한 갈색 가로줄이 있다.

네발나비과

때 6~10월(1회)
크기 60~66mm
먹이 제비꽃 종류
사는 곳 풀밭
겨울잠 애벌레

◘ 풀잎에 앉아 쉰다.

큰흰줄표범나비

네발나비과

때 6~9월(1회)
크기 65~70mm
먹이 제비꽃 종류
사는 곳 풀밭
겨울잠 애벌레

산지의 양지바른 풀밭에서 잘 날아다니고, 젖은 땅에 앉아 물을 빨아먹는다. 무더운 여름에는 여름잠을 잔다. 흰줄표범나비보다 약간 크고, 날개 아랫면의 은색 세로줄이 연결되어 있지 않다. 수컷은 앞날개 윗면에 진한 갈색 가로줄이 있다.

◘ 까치수영에서 꿀을 빨아먹는 암컷.(위)
◘ 날개 윗면에 굵고 검은 성표가 있는 수컷.(아래)

▫ 날개 아랫면의 무늬와 색이 구름이 많이 낀 것 같다.

네발나비과

때 5~9월(1회)
크기 70~75mm
먹이 제비꽃 종류
사는 곳 풀밭
겨울잠 애벌레

구름표범나비

동해안과 남해안, 제주도를 제외한 전국에서 볼 수 있다. 산지의 풀밭을 천천히 날아다니며, 산길 주위에도 잘 나타난다. 엉겅퀴, 개망초 등의 꽃에서 꿀을 빨아먹는다. 무더운 여름에는 여름잠을 잔다. 뒷날개 아랫면의 무늬가 뿌옇게 구름이 낀 것 같다고 해서 구름표범나비라고 부른다.

1 왼쪽이 수컷, 오른쪽이 암컷이다. 2 작고 노란 알. 3 애벌레는 땅에서도 잘 기어다닌다. 4 가지에 매달린 번데기.

암검은표범나비

주로 남쪽 지방의 낮은 산지나 평지의 풀밭에서 볼 수 있다. 한여름에는 여름잠을 자며, 9월 말이 되면 암컷이 많이 보인다. 수컷의 날개는 누런색이지만, 암컷은 검은색이라 자칫 줄나비 종류로 착각하기 쉽다. 처음 보는 사람은 암수가 서로 다른 나비라고 생각할 수도 있다.

네발나비과

때 6~9월(1회)
크기 68~75mm
먹이 제비꽃 종류
사는 곳 풀밭
겨울잠 애벌레

◦ 왼쪽이 암컷, 오른쪽이 수컷이다. 날개 아랫면은 비슷하다.

네발나비과

때 3~11월(4~5회)
크기 70~80mm
먹이 제비꽃 종류
사는 곳 풀밭
겨울잠 애벌레

암끝검은표범나비

풀밭이 있는 곳이면 어디에서나 볼 수 있다. 남쪽 지방에서 번식하지만, 이동성이 강해 경기도와 강원도에서도 보인다. 엉겅퀴나 방아꽃 등에서 꿀을 먹는다. 암컷의 앞날개 끝이 검은색이어서 암끝검은표범나비라고 부른다. 암컷이 수컷보다 크며, 암수가 다른 나비라고 생각할 수도 있다.

1 수컷 2 암컷 3 잎 위의 노란 알. 4 깨어나기 직전의 알. 5 1령 애벌레. 6 먹이를 찾아 이동하는 3령 애벌레.

7 종령 애벌레. 8 애벌레의 머리. 9 반짝이는 은색 점이 있다. 10 날개돋이 하고 나서 날개를 말리는 어른벌레.

□ 꿀을 빨아먹는다.(위)
□ 꿀을 빨고 있는 두 마리.(아래)

은줄표범나비

산지의 풀밭이나 산길에서 볼 수 있다. 한여름에는 여름잠을 자고, 가을이 되면 다시 활동한다. 암컷 중에는 날개 윗면이 검은색을 띠는 흑색형도 있다. 수컷의 앞날개 윗면에 진한 갈색 가로줄이 있다. 암수 모두 뒷날개 아랫면에 은색 세로줄이 있어 은줄표범나비라고 부른다.

네발나비과

때 6~9월(1회)
크기 60~65mm
먹이 제비꽃 종류
사는 곳 풀밭
겨울잠 애벌레

◘ 뒷날개의 은색 줄이 얽혀 있다.

네발나비과

때 6~8월(1회)
크기 70~75mm
먹이 제비꽃 종류
사는 곳 풀밭
겨울잠 애벌레

산은줄표범나비

남쪽 지방을 제외한 높은 산지의 풀밭에서 볼 수 있다. 수컷은 물기 있는 땅에 앉아 물을 빨아먹고, 여러 꽃에서 꿀을 먹는다. 암컷은 숲 속의 볕이 잘 드는 곳을 좋아한다. 생김새는 은줄표범나비와 비슷하지만, 뒷날개 아랫면의 은색 줄이 마치 거미줄 같다. 암컷 중에는 날개가 검은 흑색형도 있다.

1 눈에 검은 점이 보인다.
2 잎 위에 낳은 알.
3 애벌레가 잎의 아랫면에서 쉰다.
4 온몸에 가시 같은 빨간색 돌기가 있다.
5 검은색 번데기.

▫ 꿀을 빨아먹는다.(위)
▫ 주둥이를 말고 있다.(왼쪽)
▫ 수컷(오른쪽)

네발나비과

때 5~9월(1회)
크기 65~71mm
먹이 제비꽃 종류
사는 곳 풀밭
겨울잠 애벌레

은점표범나비

산지나 평지의 양지바른 풀밭에서 흔히 볼 수 있다. 한여름에는 여름잠을 자며, 다른 표범나비 종류와 습성이 비슷하다. 수컷의 앞날개 윗면에 진한 갈색 가로줄이 있고, 아랫면에는 은색 점이 여러 개 있다. 암컷 중에는 날개가 검은 흑색형도 있다.

▫ 꿀을 빨아먹는 암컷.

긴은점표범나비

산지나 평지의 볕이 잘 드는 풀밭에서 흔히 볼 수 있다. 암컷은 여름잠을 자고 난 후 알을 낳는다. 생김새가 은점표범나비와 비슷하지만, 뒷날개 아랫면 중실에 있는 은색 점이 길쭉하다. 수컷의 앞날개 윗면에는 진한 갈색 가로줄이 있다.

네발나비과

때 6~10월(1회)
크기 65~70mm
먹이 제비꽃 종류
사는 곳 풀밭
겨울잠 애벌레

■ 수컷(위)
■ 땅에서 물을 빨아먹는다.(아래)

네발나비과

때 6~9월(1회)
크기 58~68mm
먹이 제비꽃 종류
사는 곳 풀밭
겨울잠 애벌레

왕은점표범나비

산지의 양지바른 풀밭이나 밭 주변의 풀밭에서 볼 수 있다. 한여름에는 여름잠을 자며, 개체수가 적어 관찰하기 어렵다. 생김새가 은점표범나비나 긴은점표범나비와 비슷한데, 뒷날개 아랫면 가장자리에 있는 은색 점의 테두리가 M자 모양이다. 환경부 지정 멸종 위기종이다.

▫ 풀잎에 앉아 쉰다.

풀표범나비

강원도, 경기도, 경상북도 일부 지역 산지의 볕이 잘 드는 풀밭에서 드물게 볼 수 있다. 다른 표범나비들과 달리 여름잠을 자지 않으며, 여러 꽃에서 꿀을 빨아먹는다. 날개 아랫면 기부에 진한 녹색이 퍼져 있다.

네발나비과

때 6~9월(1회)
크기 60~66mm
먹이 제비꽃 종류
사는 곳 풀밭
겨울잠 애벌레

- 풀잎에서 물을 빨아먹는다.(위)
- 알에는 털이 있고, 표면이 벌집 모양이다.(왼쪽)
- 풀잎에 앉은 어른벌레.(오른쪽)

네발나비과

- **때** 5~9월(2~3회)
- **크기** 45~55mm
- **먹이** 올괴불나무, 각시괴불나무
- **사는 곳** 숲
- **겨울잠** 애벌레

줄나비

산지의 숲이나 산길에서 볼 수 있다. 새의 배설물이나 썩은 과일에 모여서 즙을 빨아먹는다. 주로 먹이 식물의 잎 끝부분에 알을 낳는다. 약간 그늘 진 숲의 산길을 따라 잘 날아다닌다. 날개 윗면에 흰 세로줄이 있다.

- 땅에서 물을 빨아먹는다.(위)
- 잎 위에 있는 노란 알.(왼쪽)
- 가시 같은 돌기가 있는 애벌레.(오른쪽)

제일줄나비

산지의 계곡 주변, 산길 등지에서 볼 수 있다. 산길을 걸으면 머리 위로 날아다니며, 물기 있는 땅에서 물을 빨아먹기도 한다. 알에서 깨어난 애벌레가 먹이식물의 잎을 먹은 자국이 마치 숲에 나 있는 꼬부랑길 같다. 제이줄나비, 제삼줄나비와 닮았다.

네발나비과

때 5~9월(2~3회)
크기 50~60mm
먹이 올괴불나무, 인동, 구슬댕댕이
사는 곳 숲
겨울잠 애벌레

◘ 젖은 땅에서 물을 빨아먹는다.

네발나비과

때 5~9월(2~3회)
크기 50~60mm
먹이 올괴불나무, 인동
사는 곳 숲
겨울잠 애벌레

제이줄나비

산지의 계곡 주변, 산길 등지에서 볼 수 있다. 젖은 땅에 내려앉아 물을 빨아먹기도 하고, 참나무 종류의 진을 먹기도 한다. 제일줄나비나 제삼줄나비와 닮았지만, 앞날개 윗면 중실에 있는 흰 줄이 위로 휘었다.

1 땅에서 물을 빨아먹는다.
2 약간 찌그러진 듯한 알.
3 잎을 갉아먹은 2령 애벌레.
4 종령 애벌레.
5 나뭇가지에 매달린 번데기.

■ 물을 빨아먹으려고 젖은 땅에 앉은 수컷.

네발나비과

때 6~8월(1회)
크기 50~61mm
먹이 올괴불나무
사는 곳 숲
겨울잠 애벌레

제삼줄나비

강원도 일부 지역 산지의 계곡 주변, 산길 등지에서 볼 수 있다. 제일줄나비나 제이줄나비보다 개체수가 적어서 관찰하기 어렵다. 젖은 땅에 앉아 물을 빨아먹는다. 생김새는 제일줄나비나 제이줄나비와 닮았지만 앞날개 윗면 중실에 있는 흰 줄이 직선이고, 뒷날개 아랫면 기부의 누런빛이 강하다.

◘ 흰 줄이 굵다.

굵은줄나비

산지의 계곡 주변, 산길 등지에서 볼 수 있다. 젖은 땅이나 물가에 앉아 물을 빨아먹고, 조팝나무나 싸리나무 꽃에서 꿀을 빨기도 한다. 빨리 날며, 나는 모습이 힘차다. 날개에 있는 흰 세로줄이 다른 줄나비 종류보다 상당히 굵다. 살아 있을 때는 이 줄에서 옅은 보랏빛이 돈다.

네발나비과

때 6~8월(1~2회)
크기 55~65mm
먹이 조팝나무, 꼬리조팝나무
사는 곳 숲
겨울잠 애벌레

1 잎 끝에 낳은 알.
2 종령 애벌레.
3 가시 모양 돌기가 무서울 정도다.
4 번데기
5 겨울잠을 자는 애벌레의 집.

■ 땅에서 물을 빨아먹는다.(위)
■ 거꾸로 매달린 번데기.(아래)

참줄나비

강원도와 충청도 일부, 경상북도 북쪽 지역 산지의 계곡 주변, 산길 등지에서 볼 수 있다. 숲 사이로 볕이 잘 드는 곳에서 천천히 날아다니며, 계곡 주변의 젖은 땅에 앉아 물을 빨아먹는다.

네발나비과

때 6~8월(1회)
크기 55~65mm
먹이 올괴불나무
사는 곳 숲
겨울잠 애벌레

▫ 날개를 펴고 나뭇잎에 앉아 쉰다.

네발나비과

- **때** 6~8월(1회)
- **크기** 55~68mm
- **먹이** 구슬댕댕이, 각시괴불나무
- **사는 곳** 숲
- **겨울잠** 애벌레

참줄나비사촌

산지의 계곡 주변, 산길 등지에서 볼 수 있다. 계곡 주변의 젖은 땅에서 물을 빨아먹거나, 썩은 과일의 즙을 먹기도 한다. 알은 먹이식물의 잎 아랫면에 한 개씩 낳는다. 참줄나비와 생김새가 비슷한데, 앞날개 윗면 중실에 흰 줄이 하나 더 있다.

1 어른벌레의 머리. 2 돌기가 작은 3령 애벌레. 3 종령 애벌레는 돌기가 크고 길다. 4 머리에도 작은 가시 모양 돌기가 있다. 5 거꾸로 매달려 번데기가 되려 한다. 6 잎 아랫면에 매달린 연두색 번데기.

◻ 물을 빨아먹기 위해 땅에 내려앉았다.

네발나비과

때 7~8월(1회)
크기 55~57mm
먹이 잣나무
사는 곳 숲
겨울잠 애벌레

홍줄나비

강원도 일부 지역 높은 산지의 숲에서 볼 수 있다. 먹이식물이 있는 숲 주변에서 높게 날아다닌다. 좀처럼 땅에 내려앉지 않는데, 가끔 젖은 땅에 물을 먹기 위해 내려앉기도 한다.

▫ 땅바닥에서 물을 빨아먹는 것은 대부분 수컷이다.

왕줄나비

높은 산지의 숲이나 계곡 주변에서 볼 수 있다. 젖은 땅에 앉아서 물을 빨아먹고, 볕이 좋은 날 돌에 앉아서 볕을 쬐기도 한다. 나는 모습이 힘차고, 암컷이 수컷보다 크다. 줄나비 종류 가운데 큰 편이다.

네발나비과

때 6~7월(1회)
크기 65~72mm
먹이 황철나무
사는 곳 숲
겨울잠 애벌레

1 3령 애벌레. 2 종령 애벌레. 3 애벌레가 겨울잠을 자려고 실로 엮어 만든 집. 4 잎 아랫면에 매달린 번데기. 5 가로줄 무늬가 3개다.

네발나비과

때 5~7월(1회)
크기 60~65mm
먹이 단풍나무, 고로쇠나무
사는 곳 숲
겨울잠 애벌레

세줄나비

산지의 계곡 주변, 산길 등지에서 볼 수 있다. 젖은 땅에서 물을 빨아먹는다. 애벌레는 실을 토해 내 먹이식물의 잎을 줄기에 엮고 그 안에서 겨울잠을 잔다. 이 잎은 겨울에도 줄기에 그대로 붙어 있다.

▫ 날개를 말리며 첫 비행을 준비한다.

참세줄나비

산지의 계곡 주변, 산길 등지에서 볼 수 있다. 젖은 땅에서 물을 빨아먹고, 열매의 즙을 먹기도 한다. 세줄나비가 있는 곳에서 함께 보일 때가 많다. 생김새는 세줄나비와 비슷하지만, 뒷날개 아랫면의 흰 줄 사이에 흑갈색 줄이 없다.

네발나비과

때 5~7월(1회)
크기 60~66mm
먹이 까치박달,
　　　서어나무,
　　　참개암나무
사는 곳 숲
겨울잠 애벌레

1 어른벌레의 눈.
2 마른 잎과 비슷한 애벌레.
3 애벌레의 머리.
4 번데기와 마른 잎의 색이 같다.
5 막 날개돋이 한 어른벌레.

◘ 나뭇잎에 앉았다.

왕세줄나비

전국 산지의 숲과 마을 주변의 먹이식물에서 드물게 볼 수 있다. 세줄나비 종류 중에서 가장 크다. 애벌레는 먹이식물의 가지 틈이나 겨울눈에서 겨울잠을 잔다. 수컷의 앞날개 끝에 흰 점이 있다.

네발나비과

때 6~8월(1회)
크기 70~80mm
먹이 복숭아나무, 자두나무, 매실나무, 산벚나무
사는 곳 숲, 마을 주변
겨울잠 애벌레

1 날개를 접고 쉰다. 2 어른벌레의 눈. 3 잎 한가운데 낳은 알. 4 겨울잠에서 깬 애벌레. 5 나뭇가지에서 쉬는 애벌레. 6 번데기가 마치 나뭇잎 같다.

1 물을 빨아먹으려고 땅에 앉았다. 2 어른벌레의 눈. 3 번데기가 되려고 거꾸로 매달렸다. 4 번데기 앞면에 반짝이는 은색 점이 있다. 5 매달린 부위에 번데기가 되면서 벗어 놓은 애벌레의 허물이 붙어 있다.

황세줄나비

바닷가를 제외한 전국 산지의 숲이나 산길에서 볼 수 있다. 산길의 젖은 땅에 앉아서 물을 빨아먹고, 동물의 사체나 새똥에 내려앉기도 한다. 날개에 누런 줄이 있다. 남쪽 지방에 사는 종 가운데는 줄이 흰 것도 있다.

네발나비과

때 6~8월(1회)
크기 65~70mm
먹이 졸참나무
사는 곳 숲
겨울잠 애벌레

- 나뭇잎에 앉아 쉰다.(위)
- 땅에 앉아 볕을 쬔다.(아래)

네발나비과

때 6~7월(1회)
크기 65~70mm
먹이 떡갈나무, 상수리나무
사는 곳 숲
겨울잠 애벌레

산황세줄나비

지리산, 강원도와 경기도 일부 지역 높은 산지의 계곡 주변, 산길에서 볼 수 있다. 높은 나무 사이를 잘 날아다니며, 젖은 땅에 앉아 물을 빨아먹는다. 황세줄나비나 중국황세줄나비보다 크기가 조금 작은 편이고, 앞날개 윗면에 있는 흰 반점도 작다.

- 나뭇잎에 앉아 쉰다.(위)
- 젖은 땅에서 물을 빨아먹는 수컷.(아래)

중국황세줄나비

강원도 일부 지역 높은 산지의 숲에서 드물게 관찰된다. 젖은 땅에 내려앉아 물을 빨아먹는데, 암컷은 좀처럼 땅에 내려앉지 않는다. 날개 윗면의 노란색이 황세줄나비보다 진하다.

네발나비과

때 6~8월(1회)
크기 68~72mm
먹이 떡갈나무, 상수리나무
사는 곳 숲
겨울잠 애벌레

- 날개돋이 하고 나서 자신의 허물을 잡고 날개를 말린다.(위)
- 어른벌레의 머리.(왼쪽)
- 날개 윗면.(오른쪽)

네발나비과

때 4~10월(2~3회)
크기 45~55mm
먹이 나비나물, 싸리, 네잎갈퀴나물, 칡
사는 곳 숲
겨울잠 애벌레

애기세줄나비

산지의 계곡 주변 숲이나 산길에서 흔히 보인다. 날개를 펴고 활강하다가 파닥거리기를 반복하며 천천히 날아다닌다. 알은 먹이식물의 잎 끝에 낳고, 알에서 깨어난 애벌레는 오솔길을 내듯 잎을 갉아먹는다. 번데기는 가지에 매달린 낙엽과 비슷하게 생겼다. 줄나비 종류 가운데 작은 편이다.

1 둥그란 초록색 알. 2 길을 내듯 나뭇잎을 파먹은 1령 애벌레. 3 쉬는 3령 애벌레. 4 종령 애벌레. 5 번데기가 되려 한다. 6 왼쪽의 낙엽과 비슷한 번데기.

❏ 암수 모두 날개 아랫면 기부에 검은 점이 많다.

네발나비과

때 5~9월(2~3회)
크기 45~55mm
먹이 조팝나무
사는 곳 산길, 풀밭
겨울잠 애벌레

별박이세줄나비

산지의 숲 주변에 있는 풀밭이나 산길 등지에서 보인다. 동물의 사체나 배설물에 모여 즙을 빨며, 사람의 땀에 젖은 옷이나 피부에 앉아 땀을 빨아먹는 모습도 간혹 관찰된다. 뒷날개 아랫면 기부에 있는 점들이 밤 하늘에 보이는 별 같다고 하여 별박이세줄나비라고 한다.

1 손가락에 앉은 어른벌레. 2 어른벌레의 눈에 검은 점이 있다. 3 잎 한가운데 낳은 알. 4 종령 애벌레. 꼬리 쪽의 새싹 같은 무늬가 재미있다. 5 애벌레의 머리에 작은 돌기가 많다. 6 거꾸로 매달린 번데기.

▫ 수컷. 날개 윗면 맨 위의 흰 줄 끝에 움푹 파인 부분이 있다.

네발나비과

때 6~7월(1회)
크기 45~55mm
먹이 까치박달
사는 곳 숲
겨울잠 애벌레

높은산세줄나비

경기도와 강원도, 경상남도 일부 지역 높은 산지의 계곡 주변 산길에서 볼 수 있다. 크기는 작지만 빨리 날고, 나는 모습이 힘차다. 젖은 땅에서 물을 빨아먹으며, 볕이 강할 때는 나뭇잎이나 바위에 앉아 일광욕을 즐긴다.

◘ 날아오르는 어른벌레.

두줄나비

숲 사이의 볕이 잘 드는 풀밭이나 산길에 많고, 민가 주변에서도 볼 수 있다. 조팝나무 꽃에서 꿀을 먹으며, 젖은 땅에서 물을 빨기도 한다. 세줄나비 종류 가운데 작은 편이고, 앞날개 중실에 흰 줄이 떨어져 있다.

네발나비과

때 5~8월(1~2회)
크기 40~50mm
먹이 조팝나무
사는 곳 풀밭, 산길
겨울잠 애벌레

1 잎 윗면에 낳은 알. 2 집을 짓기 위해 잎을 갉아먹는 1령 애벌레. 3 갉아먹고 남은 잎을 엮어서 만든 애벌레 집.
4 종령 애벌레. 5 고치벌에 기생 당한 애벌레. 6 겨울잠을 자기 위한 애벌레 집.

1 땅에서 물을 빨아먹는다. 2 촉수 같은 돌기가 있는 알. 3 1령 애벌레. 4 2령 애벌레. 5 겨울잠을 자는 애벌레.

어리세줄나비

산지의 계곡 주변, 산길에서 볼 수 있다. 꽃에는 잘 모이지 않으며, 젖은 땅이나 새똥, 동물의 사체에 앉아서 즙을 먹는다. 볕이 좋은 오전에는 바위나 길가에 앉아 볕을 쬔다. 경상북도보다 위쪽 지역에서만 볼 수 있었으나, 최근에는 경상남도 북쪽 지역에서도 발견된다.

네발나비과

때 5~6월(1회)
크기 60~70mm
먹이 느릅나무
사는 곳 숲
겨울잠 애벌레

- 꽃에 모여들었다.(위)
- 누런빛이 많은 봄형.(왼쪽)
- 검은빛이 많은 여름형.(오른쪽)

네발나비과

때 5~8월(2회)
크기 32~41mm
먹이 거북꼬리
사는 곳 숲
겨울잠 번데기

북방거꾸로여덟팔나비

강원도, 경기도 일부 지역 산지의 계곡 주변 숲과 지리산에서 볼 수 있다. 여러 가지 꽃에서 꿀을 먹으며, 젖은 땅에서 물을 빨기도 한다. 생김새나 습성이 거꾸로여덟팔나비와 비슷하지만, 뒷날개 아랫면 중실에 있는 세로줄이 굵다.

- 여덟 팔 자 무늬가 거꾸로 나 있다.(위)
- 어른벌레의 머리.(왼쪽)
- 손가락에 앉아서 물기를 빨아먹는다.(오른쪽)

거꾸로여덟팔나비

해안 지방을 제외한 전국 산지의 계곡 주변 숲에서 볼 수 있다. 암컷은 알을 높이 쌓으며 낳는 특이한 습성이 있다. 가을형이 여름형보다 크고, 날개가 검다. 날개 윗면의 흰 줄이 여덟 팔(八) 자를 거꾸로 써 놓은 것 같아서 거꾸로여덟팔나비라고 부른다.

네발나비과

때 5~8월(2회)
크기 32~40mm
먹이 거북꼬리
사는 곳 숲
겨울잠 번데기

1 볕을 쬐는 어른벌레. 2 높이 쌓아 놓은 알. 3 알을 11개나 쌓았다. 4 재미있게 쌓아 놓은 알. 5 잎을 먹다 말고 이동하는 애벌레. 6 은색 점이 있는 번데기.

- 꽃에 앉아 꿀을 빨고 있다.(위)
- 날개를 접고 꿀을 먹는다.(왼쪽)
- 짝짓기(오른쪽)

네발나비

전국 산지의 풀밭이나 무덤 가, 논, 밭 주변의 풀밭에서 흔히 볼 수 있다. 여러 가지 꽃에서 꿀을 빨며, 나무 진도 먹는다. 애벌레는 먹이식물의 잎을 뒤로 말아서 그 속에 살다가 번데기가 된다. 예전에는 날개 아랫면에 C자 모양이 있고 남쪽에 많아서 남방씨-알붐나비라고 불렀다.

네발나비과

때 6월~이듬해 5월 (2~4회)
크기 50~61mm
먹이 환삼덩굴, 홉
사는 곳 풀밭
겨울잠 어른벌레

1 눈 속에서 겨울잠을 자는 어른벌레. 2 새순 끝에 2단으로 낳은 알. 3 1령 애벌레. 4 종령 애벌레. 5 잎을 안쪽으로 엮어서 애벌레 집을 만든다. 6 번데기에 작은 가시 모양 돌기가 있다.

◘ 땅에 앉아 쉬는 어른벌레.

산네발나비

남쪽 지방을 제외한 산지의 풀밭이나 무덤 가에서 흔히 볼 수 있다. 축축이 젖은 땅에 앉아서 물을 빨아먹는다. 알은 느릅나무 잎에 한 개씩 낳는다. 생김새가 네발나비와 비슷하지만, 날개 테두리의 돌기 끝이 둥글다.

네발나비과

때 6월~이듬해 5월 (2~3회)
크기 50~60mm
먹이 느릅나무
사는 곳 풀밭
겨울잠 어른벌레

1 볕을 쬐는 어른벌레.
2 알에 줄이 툭 튀어나왔다.
3 잎을 먹으려는 애벌레.
4 옆에서 본 번데기.
5 번데기 정면에 은색 점이 있다.

- 땅에 앉아 쉬는 어른벌레.(위)
- 나방 애벌레처럼 생겼다.(왼쪽)
- 배 쪽의 돌기는 네발나비과 번데기의 특징이다.(오른쪽)

들신선나비

산지의 숲이나 산길, 숲 주변의 풀밭에서 드물게 볼 수 있다. 젖은 땅에 내려앉아 물을 빨고, 참나무 진에 모여 진을 먹기도 한다. 예전에 주로 풀밭에서 발견되고, 날개 끝이 신선의 도포 자락과 닮았다고 해서 들신선나비라는 이름이 붙었다.

네발나비과

때 6월~이듬해 4월 (1회)
크기 70~75mm
먹이 갯버들
사는 곳 숲, 산길
겨울잠 어른벌레

- 썩은 나무에 앉았다.(위)
- 나무 껍질과 색깔이 비슷하다.(아래)

갈구리신선나비

네발나비과

때 7월~이듬해 5월 (1회)
크기 55~58mm
먹이 느릅나무
사는 곳 숲
겨울잠 어른벌레

강원도와 경기도 북쪽 지역 높은 산지의 숲이나 풀밭, 공터에서 드물게 볼 수 있다. 나무 진을 먹거나 젖은 땅에서 물을 빨아먹는다. 날개 아랫면이 갈색이라 땅에 앉아서 날개를 접으면 눈에 잘 띄지 않는다.

- 나뭇잎에 앉아 볕을 쬔다.(위)
- 날개 아랫면이 위장색 역할을 한다.(왼쪽)
- 눈이 흑갈색이다.(오른쪽)

청띠신선나비

산지의 숲이나 산길에서 볼 수 있다. 나무 사이를 빠르고 힘차게 날아다닌다. 바위나 길가에 앉아서 볕을 쬐는 일이 많다. 젖은 땅에서 물을 빨고, 나무 진이나 썩은 과일의 즙을 먹는다. 날개 아랫면이 흑갈색이라 나무나 길에 앉으면 알아보기 어렵다. 날개 윗면에 긴 청색 세로줄이 있다.

네발나비과

때 6월~이듬해 5월 (2회)
크기 60~65mm
먹이 청미래덩굴, 청가시덩굴
사는 곳 숲, 산길
겨울잠 어른벌레

1 네발나비 알과 비슷하게 생겼다.
2 새순에 알을 아주 많이 낳았다.
3 잎을 갉아먹는 애벌레.
4 종령 애벌레. 독이 있을 것 같은 가시는 부드럽고, 독도 없다.
5 번데기 끝에 애벌레 때 허물이 그대로 붙어 있다.

- 날개 아랫면은 흑갈색이다.(위)
- 날개 윗면은 화려하다.(왼쪽)
- 눈알 무늬가 살짝 보인다.(오른쪽)

공작나비

강원도 일부 지역 산지의 풀밭이나 숲에서 드물게 볼 수 있다. 날개 윗면은 붉은색으로 아름답지만, 아랫면은 흑갈색이라 땅바닥이나 나무에 앉으면 발견하기 어렵다. 날개 윗면의 눈알 무늬가 공작새와 닮았다고 해서 공작나비라고 부른다.

네발나비과

때 6월~이듬해 5월 (1회)
크기 18~20mm
먹이 홉
사는 곳 숲, 풀밭
겨울잠 어른벌레

◘ 땅에 앉아 물을 빨아먹는다.

네발나비과

때 7~8월(1회)
크기 70~80mm
먹이 알려지지 않음
사는 곳 숲
겨울잠 애벌레

오색나비

강원도 일부 지역 산지의 숲이나 계곡 주변에서 드물게 볼 수 있다. 계곡 주변의 젖은 땅에서 물을 빨아먹고, 나무 진도 먹는다. 날개 윗면에 다섯 가지 색이 있다고 해서 오색나비다. 햇빛이 비치는 각도에 따라 날개의 반짝이는 색이 조금씩 다르다.

- 꿀을 빨아먹는다.(위)
- 어른벌레의 머리.(왼쪽)
- 세로 홈이 깊은 알.(오른쪽)

작은멋쟁이나비

전세계에서 관찰되는 나비로, 우리 나라에서는 가을에 흔하다. 산지의 풀밭이나 산길, 평지에서 흔히 보이며, 겨울에도 따뜻한 날은 가끔 눈에 띈다. 국화, 엉겅퀴 등의 꽃에서 꿀을 빨아먹는다. 나는 모습이 활기차고 멋있어서 멋쟁이나비라고 부른다.

네발나비과

때 5월~이듬해 5월
 (여러 차례)
크기 40~50mm
먹이 떡쑥
사는 곳 풀밭
겨울잠 어른벌레

1 쑥을 먹는 애벌레.
2 애벌레의 머리에 털이 많다.
3 번데기가 되려고 거꾸로 매달렸다.
4 황금빛이 살짝 도는 번데기.
5 기생벌에게 기생 당한 번데기.

▫ 어른벌레가 꿀을 빨고 있다.

큰멋쟁이나비

산지의 풀밭이나 평지에서 볼 수 있다. 참나무에 모여 진을 빨고, 젖은 땅에 앉아 물을 먹기도 한다. 알은 먹이식물 잎에 한 개씩 낳는다. 애벌레는 잎을 말아서 만든 집 속에 살다가 번데기가 된다. 먹이식물의 잎이 둥글게 말려 있다면 그 속에서 애벌레나 번데기를 쉽게 찾을 수 있다.

네발나비과

때 5~10월(2~4회)
크기 60~65mm
먹이 모시풀, 거북꼬리, 가는잎쐐기풀
사는 곳 풀밭
겨울잠 어른벌레

1 날개가 많이 해졌다. 2 먹이식물 잎에 낳은 알. 3 집에서 나오는 애벌레. 4 애벌레의 몸에 노란 돌기가 많다.
5 잎을 엮어서 애벌레 집을 만들었다. 6 잎 아랫면에 매달린 번데기.

◘ 바위에 앉아 볕을 쬔다.

황오색나비

전국의 평지나 산지의 숲, 물가에서 흔히 보인다. 오후 4시 이후 산길을 따라 산꼭대기로 날아가는 것이 눈에 띈다. 날개가 누런색인 것과 보라색인 것 두 종류가 있다. 오색나비와 닮았으나 뒷날개의 흰 세로줄이 한 칸 더 길다.

네발나비과

때 6~10월(1~3회)
크기 70~75mm
먹이 갯버들, 호랑버들, 수양버들
사는 곳 숲
겨울잠 애벌레

1 날개가 누런 황색형. **2** 윗부분에 애벌레의 검은 머리가 보이는 것이 금방 깨어날 모양이다. **3** 겨울잠에서 깬 애벌레가 나무 줄기를 타고 올라간다. **4** 먹이식물 위에서 쉬는 애벌레. **5** 뿔이 2개 있는 애벌레의 머리. **6** 잎 아랫면에 매달린 번데기.

- 물을 먹기 위해 날개를 접고 앉았다.(위)
- 땅에 앉아 물을 빨아먹는다.(왼쪽)
- 잎 가장자리에 낳은 알.(오른쪽)

번개오색나비

높은 산지의 숲이나 계곡 주변, 남쪽 지방은 지리산에서 볼 수 있다. 참나무의 진을 빨고, 젖은 땅에 앉아서 물을 먹기도 한다. 수컷은 나무 꼭대기에서 점유 행동을 한다. 날개 윗면의 흰 줄이 뾰족 튀어나온 것이 번개 모양과 닮았다.

네발나비과

때 6~8월(1회)
크기 70~80mm
먹이 호랑버들, 버드나무
사는 곳 숲
겨울잠 애벌레

▫ 땅에서 물을 빨아먹는다.

네발나비과

때 6~8월(1회)
크기 80~110mm
먹이 느릅나무, 느티나무
사는 곳 숲
겨울잠 애벌레

은판나비

해안 지방을 제외한 전국 산지의 숲이나 빈 터, 계곡 주변에서 볼 수 있다. 젖은 땅에 여러 마리가 앉아 물을 빨아먹고, 산에 버려진 쓰레기의 즙이나 나무 진을 먹는다. 앉아서 날개를 접었다 폈다 하면 아랫면의 은색 무늬가 햇빛을 받아 반짝인다.

1 동물의 배설물에서 즙을 빨아먹는다. 2 햇빛을 받아 날개 아랫면의 은빛이 반짝인다. 3 까맣게 변한 것이 곧 깨어날 모양이다.

4 1령 애벌레. 5 2령 애벌레. 6 4령 애벌레. 7 애벌레의 뿔 끝이 빨갛다. 8 겨울잠을 준비하는 애벌레. 9 잎 아랫면에 숨어서 매달린 번데기.

▫ 땅에 앉아 물을 빨아먹는 수컷.

밤오색나비

강원도 일부 지역에서만 볼 수 있으며, 한 장소에서 여러 마리가 눈에 띈다. 산길의 땅바닥이나 산지의 절개된 면에 잘 앉는다. 젖은 땅에서 물을 빨거나, 나무 진을 먹는다. 땅에 앉아 있으면 알아보기 어렵다. 날개가 밤색이라서 밤오색나비라고 부른다.

네발나비과

때 6~8월(1회)
크기 80~90mm
먹이 느릅나무
사는 곳 숲, 산길
겨울잠 애벌레

1 잎 아랫면에 낳은 알. 2 2령 애벌레. 3 허물을 벗으려고 준비한다. 4 애벌레의 머리. 5 겨울잠을 자는 애벌레. 6 잎 아랫면에 매달린 번데기.

■ 바위에 앉아 쉬는 어른벌레.(위)
■ 주둥이가 잘 말려 있다.(아래)

왕오색나비

전국의 숲에서 볼 수 있다. 나무 진을 좋아하며, 젖은 땅에 앉아 물을 빨아먹기도 한다. 오후에 나무 꼭대기에서 점유 행동을 하며, 주위에 날아오는 새를 쫓아 내려고 뒤따라가기도 한다. 애벌레는 먹이 식물의 낙엽 아랫면에서 겨울잠을 잔다.

네발나비과

때 6~8월(1회)
크기 100~110mm
먹이 팽나무, 풍게나무
사는 곳 숲
겨울잠 애벌레

1 나뭇가지에 낳은 알. 2 기생 당한 알. 3 갓 깨어난 1령 애벌레. 4 등에 돌기가 덜 자란 2령 애벌레. 5 등에 돌기가 3쌍인 종령 애벌레. 6 잎을 갉아먹는 애벌레.

1 나뭇잎 위에 있는 애벌레 그림자. 2 겨울잠을 자는 애벌레의 머리. 3 겨울잠을 자는 애벌레. 4 겨울잠에서 깨어나 먹이를 찾아 나무 위로 올라간다. 5 번데기가 되려고 허물을 벗는다. 6 잎에 매달린 번데기.

1 땅에 앉아 물을 빨아먹는다. 2 어른벌레의 머리. 3 물을 먹으려고 날개를 접고 땅에 앉았다. 4 곧 깨어날 알.

네발나비과

때 5~8월(2회)
크기 70~80mm
먹이 팽나무, 풍게나무
사는 곳 숲
겨울잠 애벌레

흑백알락나비

높은 나무 꼭대기에서 잘 날아다닌다. 젖은 땅이나 숲에 버려진 쓰레기에서 즙을 빨아먹는다. 검은색과 흰색이 뒤섞여서 흑백알락나비라는 이름이 붙었다. 가끔 봄형을 어리세줄나비와 헷갈리는 일이 있다. 애벌레는 먹이식물의 낙엽 아랫면에서 겨울잠을 잔다.

1 먹이식물을 먹는 애벌레. 2 겨울잠을 자고 나면 빨간 줄이 생긴다. 3 겨울잠을 자는 애벌레. 4 겨울잠을 자는 애벌레의 머리. 5 잎 뒤에 숨은 번데기. 6 곧 날개돋이 할 번데기는 날개가 밖으로 비친다.

1 나뭇잎에 앉아 쉰다. 2 몸에 흰 점이 있다. 3 연둣빛 알. 4 짝짓기

네발나비과

때 5~9월(2회)
크기 80~95mm
먹이 팽나무, 풍게나무
사는 곳 숲
겨울잠 애벌레

홍점알락나비

전국에서 관찰되며, 특히 제주도에 많다. 수컷은 오후에 산 정상 부근 나무 꼭대기에서 점유 행동을 한다. 나무 진을 좋아하며, 젖은 땅에서 물을 빨아먹기도 한다. 뒷날개에 빨간 점이 있어 홍점알락나비라고 부른다. 애벌레는 먹이식물의 낙엽 아랫면에서 겨울잠을 잔다.

1 2령 애벌레. 2 애벌레의 등에 돌기가 보이기 시작한다. 3 잎을 갉아먹다가 쉬고 있다. 4 겨울잠을 잔 뒤 성장한 애벌레. 5 애벌레의 머리. 6 다른 애벌레가 잎을 갉아먹어서 번데기가 드러났다.

◘ 나무 진을 빨아먹는다.

네발나비과

- **때** 5~8월(2회)
- **크기** 64~70mm
- **먹이** 나도밤나무, 합다리나무
- **사는 곳** 숲
- **겨울잠** 번데기

먹그림나비

남쪽 지방 산지의 빈 터나 산길, 계곡 주변에서 볼 수 있다. 참나무나 밤나무에 모여 진을 먹는다. 나무 사이를 빠르게 날아다니며, 오후 4시 이후에 산꼭대기로 날아가서 점유 행동을 한다. 날개의 무늬가 먹으로 그림을 그린 것 같다고 해서 먹그림나비라는 이름이 붙었다.

1 파리와 함께 땅에서 물을 빨아먹는다. 2 먹으로 그린 듯 날개가 예쁘다. 3 빨간 주둥이가 잘 말려 있다.

4 알이 하얗다.
5 3령 애벌레.
6 쉬는 애벌레.
7 애벌레의 머리에 특이하게 생긴 뿔이 있다.
8 번데기가 마치 나뭇잎 같다.

◘ 땅에서 물을 빨아먹는 수컷.

유리창나비

산지의 계곡 주변 숲에서 볼 수 있다. 수컷은 바위나 땅에 앉아 볕을 쬐는 경우가 많다. 젖은 땅이나 물가에 앉아서 물을 빨아먹고, 나무 진이나 동물의 사체에서 즙을 먹기도 한다. 날개 윗면에 투명한 막이 있어 유리창나비라고 부른다. 암컷은 이 막이 크고, 날개 색도 수컷보다 진하다.

네발나비과

때 4~6월(1회)
크기 65~70mm
먹이 팽나무, 풍게나무
사는 곳 숲
겨울잠 번데기

1 어른벌레의 눈이 갈색이다. 2 날개 끝에 투명한 막이 보인다. 3 돌에 앉아 쉰다. 4 팽나무 잎에 낳은 알. 5 곧 깨어날 것 같다. 6 알 껍질을 갉아먹는 애벌레.

1 갓 깨어난 애벌레. 2 잎을 갉아먹다 쉬는 애벌레. 3 머리의 뿔이 귀여운 3령 애벌레. 4 종령 애벌레의 머리.
5 번데기가 되려고 준비한다. 6 잎 아랫면에 숨어 번데기가 되었다.

- 나무 줄기에 거꾸로 앉은 암컷.(위)
- 땅에서 물을 빨아먹는 수컷.(왼쪽)
- 3층으로 쌓은 알.(오른쪽)

네발나비과

때 6~8월(1회)
크기 65~71mm
먹이 팽나무, 풍게나무
사는 곳 숲
겨울잠 애벌레

수노랑나비

전국의 숲에서 볼 수 있으며, 나뭇잎에 앉아 쉴 때가 많다. 참나무 진을 좋아한다. 암컷은 먹이식물의 잎에 알 수십 개를 육각형으로 낳으며, 2층이나 3층으로 낳기도 한다. 수컷의 날개는 노란빛이고, 암컷은 검은빛을 띤다. 애벌레들은 먹이식물 근처의 낙엽 아랫면에 모여 겨울잠을 잔다.

1 육각형으로 알을 수백 개나 낳았다. 2 알에서 깨어난 애벌레들. 3 등에 돌기가 1쌍 있다. 4 애벌레의 머리에 잔털이 많다. 5 잎 아랫면에 매달린 번데기. 6 방금 날개돋이 하고 날개를 말리는 수컷.

▫ 풀잎에 맺힌 물을 빨아먹는 수컷.(위)
▫ 나무에 앉아 쉬는 암컷.(아래)

네발나비과

때 6~8월(1회)
크기 57~73mm
먹이 굴참나무,
　　　상수리나무,
　　　신갈나무
사는 곳 숲
겨울잠 애벌레

대왕나비

수컷은 젖은 땅에서 물을 잘 빨아먹고, 암컷은 나무 진을 좋아한다. 알은 동그랗게 말린 먹이식물의 잎 안쪽에 여러 개 낳는다. 산꼭대기 부근의 나무 위에서 점유 행동을 하며, 나무 위를 빠르게 날아다 닌다. 수컷의 날개는 누런빛을 띠고, 암컷은 흰빛 이다.

1 말린 잎 속에 알을 많이 낳았다. 2 잎이 말린 것이 알집이다. 3 말린 잎의 거미줄에 붙어 있던 알들이 깨어난다.
4 한꺼번에 깨어나 알집을 갉아먹는다. 5 4령 애벌레.

6 종령 애벌레.
7 애벌레의 머리.
8 겨울잠을 자는 애벌레.
9 기생파리에게 기생 당한 애벌레.
10 잎 뒤에 매달린 번데기.

- 풀잎에 앉아 쉬는 어른벌레.(위)
- 날개에 뱀눈 모양 무늬가 있다.(아래)

애물결나비

전국에 있는 낮은 산지의 풀밭이나 마을, 논, 밭 주변에서 흔히 관찰된다. 풀밭에서 톡톡 튀듯이 날아다니며, 알은 주로 먹이식물인 벼과 식물의 잎에 낳는다. 날개 아랫면에 물결 무늬가 있고, 물결나비 종류 가운데 가장 작다.

네발나비과

때 6~8월(2~3회)
크기 33~40mm
먹이 강아지풀, 벼, 바랭이
사는 곳 풀밭
겨울잠 애벌레

◘ 풀잎에 앉아 쉰다.

네발나비과

때 6~9월(1~2회)
크기 40~50mm
먹이 벼, 참억새
사는 곳 풀밭
겨울잠 애벌레

석물결나비

북한을 제외한 전국 낮은 산지의 숲과 그 주변의 풀밭에서 볼 수 있다. 나무 사이를 톡톡 튀듯이 날아다니며, 젖은 땅에 앉아 물을 빨아먹는다. 물결나비와 생김새가 비슷하지만 앞날개 윗면에 옅은 갈색 무늬가 있고, 앞날개 아랫면의 흑갈색 부분이 넓다.

◘ 잠깐 앉아 쉰다.

물결나비

낮은 산지의 풀밭, 무덤 가, 산길 등지에서 볼 수 있다. 톡톡 튀듯이 날아다니며, 개망초나 토끼풀 등 풀밭에 있는 여러 가지 꽃에서 꿀을 빨아먹는다. 종종 나뭇잎이나 풀잎 위에서 날개를 펴고 볕을 쬐는 모습이 눈에 띈다. 애물결나비보다 크고, 뱀눈 모양 무늬가 적다.

네발나비과

때 5~9월(2~3회)
크기 40~45mm
먹이 바랭이, 벼, 참억새
사는 곳 풀밭
겨울잠 애벌레

1 날개가 흑갈색이다. 2 짝짓기 3 풀잎 뒤에 낳은 연두색 알. 4 애벌레가 먹이를 찾아 기어간다. 5 애벌레의 머리.
6 마른 풀잎에 번데기를 매달았다.

◘ 풀잎에 앉아 쉰다.

부처나비

산지의 풀밭, 마을이나 논, 밭 주변에서 흔히 보인다. 남쪽 지방에서는 9~10월에 많이 관찰되며, 가끔 집 안으로 들어오기도 한다. 나무 진이나 썩은 과일의 즙을 좋아한다. 수컷은 앞날개와 겹치는 뒷날개 윗면에 흰 털이 있다. 학명의 *gotama*(부처)를 따서 부처나비라고 부른다.

네발나비과

때 4~10월(2~3회)
크기 45~55mm
먹이 주름조개풀, 참억새
사는 곳 풀밭
겨울잠 애벌레

1 연둣빛 알이 매끈하다. 2 애벌레가 풀잎에 거꾸로 매달려 쉰다. 3 애벌레의 머리에 작은 뿔이 보인다. 4 번데기가 되려고 거꾸로 매달렸다. 5 연둣빛 번데기가 되었다. 6 날개돋이 하고 날개를 말린다.

1 날개 아랫면의 띠가 보랏빛이다. 2 짝짓기. 햇빛을 받으니 보라색 띠가 더 선명하다. 3 부처나비 애벌레와 닮았다.
4 번데기를 붙이기 위해 쳐 놓은 실이 보인다.

부처사촌나비

산지의 풀밭이나 산길, 마을, 논밭 주변에서 흔히 볼 수 있다. 젖은 땅에서 물을 빨며, 나무 진이나 썩은 과일에도 잘 모인다. 알은 먹이식물의 잎 아랫면에 낳는다. 수컷은 앞날개와 겹치는 뒷날개 윗면에 흰 털이 있다. 부처나비는 날개 아랫면의 띠가 흰빛이고, 부처사촌나비는 보랏빛이 돈다.

네발나비과

때 4~10월(2~3회)
크기 40~50mm
먹이 실새풀, 참억새
사는 곳 풀밭
겨울잠 애벌레

- 날개가 온통 까맣다.(위)
- 바위에 앉아 쉰다.(아래)

네발나비과

때 5~6월(1회)
크기 38~43mm
먹이 김의털
사는 곳 풀밭
겨울잠 애벌레

외눈이지옥사촌나비

바닷가를 제외한 전국 산지의 숲이나 그 주변 풀밭에서 볼 수 있다. 볕이 잘 드는 바위나 나뭇잎에서 잠깐씩 볕을 쬔다. 수컷은 암컷 주위를 빙글빙글 돌면서 수줍은 듯 구애 행동을 한다. 약간 그늘 진 숲 주변이나 숲 속을 잘 날아다닌다.

■ 마른 땅이나 낙엽에 앉으면 알아보기 어렵다.(위)
■ 알이 붙다.(아래)

참산뱀눈나비

산꼭대기의 풀밭이나 숲과 맞닿은 풀밭에서 볼 수 있다. 개체마다 눈알 무늬의 수가 다르다. 날개도 누런색인 것, 검은색인 것, 누런색과 검은색이 같이 있는 것, 흰색이 많은 것 등 여러 가지다. 날개를 접고 낙엽에 앉으면 눈에 잘 띄지 않는다.

네발나비과

때 4~5월(1회)
크기 40~43mm
먹이 김의털
사는 곳 풀밭, 숲
겨울잠 애벌레

1 날개가 낙엽과 비슷하다. 2 어른벌레의 머리. 3 풀잎에 낳은 알. 4 알에서 갓 깨어난 애벌레.

함경산뱀눈나비

네발나비과

때 4~5월(1회)
크기 41~46mm
먹이 김의털
사는 곳 숲
겨울잠 애벌레

한라산과 강원도 북쪽 지역 산지의 숲에서 보인다. 양지바른 풀밭에 앉아 볕을 쬐는 모습이 눈에 띈다. 참산뱀눈나비와 많이 닮아 구별하기 어렵다. 날개를 접고 낙엽에 앉으면 알아보기 쉽지 않다.

▫ 풀잎에 앉아 쉰다.

봄처녀나비

동해안과 남해안을 제외한 전국 산지의 풀밭이나 밭 주변에서 드물게 볼 수 있다. 풀밭을 천천히 날아다니며, 엉겅퀴나 개망초 등의 꽃에서 꿀을 먹는다. 늦봄에 한 달 정도 볼 수 있고, 나는 모습이 처녀의 수줍은 모습 같다고 하여 봄처녀나비라는 이름이 붙었다.

네발나비과

때 6~7월(1회)
크기 40~45mm
먹이 괭이사초, 참억새
사는 곳 풀밭
겨울잠 애벌레

1 볕을 쬔다. 2 풀잎에 매끈한 알을 낳았다. 3 알에서 갓 깨어난 애벌레. 4 날씬한 애벌레. 5 애벌레가 풀잎을 갉아먹는다. 6 번데기도 돌기 없이 매끈하다.

□ 꿀을 먹는다.(위)
□ 풀잎에 앉아 쉰다.(왼쪽)
□ 매끈하고 노란 알.(오른쪽)

시골처녀나비

낮은 산지의 풀밭이나 무덤 가에서 낮게 날아다닌다. 민들레, 엉겅퀴 등의 꽃에서 꿀을 빨아먹는다. 아침에 볕을 쬐는 모습을 볼 수 있다. 노란 날개가 시골 처녀의 노란 저고리를 연상시키며, 주로 시골에서 볼 수 있기 때문에 시골처녀나비라고 부른다.

네발나비과

때 5~9월(2회)
크기 30~35mm
먹이 강아지풀, 방동사니
사는 곳 풀밭
겨울잠 애벌레

1 방금 깨어난 애벌레. 2 종령 애벌레가 쉬고 있다. 3 동그란 애벌레의 머리. 4 겨울잠에서 갓 깨어난 애벌레.
5 마른 줄기에 붙어 있는 번데기. 6 방금 날개돋이 하고 날개를 말린다.

- 꿀을 빨아먹는다.(위)
- 토끼풀에 앉은 암컷.(아래)

도시처녀나비

산지의 풀밭이나 마을 주변에서 볼 수 있다. 풀밭을 톡톡 튀듯이 날아다니며, 맑은 날 아침에 볕을 쬔다. 개망초, 토끼풀 등의 꽃에서 꿀을 먹는다. 남쪽 지방에서는 산꼭대기의 경사면을 날아다니는 모습이 눈에 띈다. 날개 아랫면의 흰 띠가 도시 처녀의 원피스 리본을 닮아 도시처녀나비라고 부른다.

네발나비과

때 5~6월(1회)
크기 35~40mm
먹이 그늘사초, 괭이사촌
사는 곳 풀밭
겨울잠 애벌레

◘ 엉겅퀴에 앉은 암컷.

네발나비과

때 7~8월(1회)
크기 47~52mm
먹이 김의털
사는 곳 풀밭
겨울잠 애벌레

산굴뚝나비

제주도 한라산의 1300m 이상 되는 높은 지대에서만 볼 수 있다. 꿀풀, 솔체꽃 등의 꽃에서 꿀을 빨아 먹는다. 날개 아랫면의 흰 띠가 굴뚝나비와 비슷하지만, 전체적인 생김새는 전혀 다르다. 천연기념물 제458호다.

◘ 흰 띠가 연기 모양이다.

굴뚝나비

풀밭을 낮게 날며, 비가 올 듯 흐린 날에도 너울너울 잘 날아다닌다. 암컷은 주로 먹이식물의 잎에 알을 낳지만, 땅바닥에 떨어뜨리기도 한다. 알의 접착력이 약해서 먹이식물에 낳은 알이 땅에 떨어지는 경우도 많다. 날개 아랫면의 흰 띠가 굴뚝에서 피어오르는 연기 같아 굴뚝나비라고 부른다.

네발나비과

때 6~9월(1회)
크기 50~65mm
먹이 참억새, 새포아풀
사는 곳 풀밭
겨울잠 애벌레

1 꿀을 빨아먹는다.
2 주둥이를 말고 있다.
3 짝짓기
4 땅에 떨어진 알.
5 겨울잠에서 깨어난 애벌레.

□ 나무 줄기에 앉아 쉰다.(위)
□ 나무 줄기 색깔과 비슷하다.(왼쪽)
□ 한 줄로 알을 낳았다.(오른쪽)

알락그늘나비

강원도와 경기도 일부 지역, 지리산 등 높은 산지에서 볼 수 있다. 숲의 나무 사이를 낮게 날아다니며, 산지의 절벽에 앉기도 한다. 나무 진을 좋아한다. 날개는 누런색과 갈색이 섞여 알록달록하다.

네발나비과

때 6~9월(1회)
크기 55~60mm
먹이 참억새, 괭이사초
사는 곳 숲
겨울잠 애벌레

- 풀잎에 앉아 쉰다.(위)
- 하얀 진주알 같다.(왼쪽)
- 애벌레들이 한꺼번에 깨어나 알 껍질을 먹는다.(오른쪽)

네발나비과

때 6~9월(1회)
크기 55~60mm
먹이 참억새, 바랭이
사는 곳 숲
겨울잠 애벌레

황알락그늘나비

그늘 진 나무 사이를 낮게 날아다닌다. 나무 줄기에 앉아 쉬거나, 나뭇잎에 앉아 볕을 쬐기도 한다. 알락그늘나비와 많이 닮았지만, 날개 아랫면의 갈색 줄이 좁은 편이다.

□ 날개를 펴고 앉은 암컷.

뱀눈그늘나비

제주도와 남해안 일부 지역을 제외한 전국 산지의 숲이나 나무가 많지 않은 곳에서 볼 수 있다. 바위에 잘 앉고, 그늘 진 곳을 좋아한다. 개망초나 엉겅퀴 등의 꽃에서 꿀을 빨아먹는다. 암컷이 수컷보다 크고, 앞날개 윗면의 흰 무늬도 크다.

네발나비과

때 6~9월(1~2회)
크기 50~55mm
먹이 참억새, 띠
사는 곳 숲
겨울잠 애벌레

□ 짝짓기

네발나비과

때 6~8월(1회)
크기 45~50mm
먹이 참억새, 띠
사는 곳 숲
겨울잠 애벌레

눈많은그늘나비

전국 산지의 숲이나 숲과 맞닿은 풀밭에서 드물게 볼 수 있다. 낮게 날아다니다가 갑자기 떨어지듯이 내려앉으며, 바위에 앉은 모습이 자주 눈에 띈다. 이름에서 알 수 있듯이 눈알 무늬가 44개로 뱀눈나비 종류 중에서 가장 많다.

- 나뭇잎 위의 습기를 빨아먹는다.(위)
- 날개 무늬가 그늘 진 것 같다.(왼쪽)
- 머리가 까맣게 보이니 곧 깨어날 것이다.(오른쪽)

먹그늘나비

산지의 그늘 진 숲에서 볼 수 있다. 조릿대가 많은 숲이나 그 근처를 낮게 날아다닌다. 나무 진이나 꽃의 꿀을 먹으며, 젖은 땅에서 물을 빨기도 한다. 그늘 지고 흐린 날씨를 좋아하지만, 잠깐씩 볕을 쬐기도 한다. 그늘나비 종류 중에서 가장 검다.

네발나비과

때 6~8월(1회)
크기 50~55mm
먹이 조릿대
사는 곳 숲
겨울잠 애벌레

1 애벌레가 잎을 먹다가
아랫면에서 쉰다.
2 작은 뿔이 2개 있는
애벌레의 머리.
3 겨울잠을 자는 애벌레.
4 죽은 척하는 애벌레.
5 마른 가지에 붙어 있는 번데기.

▫ 일광욕을 하는 암컷.

먹그늘나비붙이

제주도를 제외한 전국 산지의 그늘 진 숲에서 드물게 볼 수 있다. 볕이 강하면 잎에 앉아 쉴 때가 많다. 그늘 진 곳을 잘 날아다니며, 흐린 날에도 잘 날아다닌다. 먹그늘나비와 비슷하게 생겼다.

네발나비과

때 6~8월(1회)
크기 55~60mm
먹이 괭이사초, 참억새
사는 곳 숲
겨울잠 애벌레

◘ 풀잎에 앉아 쉰다.

네발나비과

때 6~9월(1회)
크기 65~75mm
먹이 그늘사초, 괭이사초
사는 곳 숲
겨울잠 애벌레

왕그늘나비

산지의 그늘 진 숲에서 볼 수 있다. 그늘 진 나무 사이를 너울너울 잘 날아다닌다. 나무 진, 짐승이나 새의 배설물에 앉아서 즙을 빨아먹는다. 뱀눈나비 종류 중에서 가장 크다. 수컷은 뒷날개 윗면의 기부 쪽에 흰 털이 있다.

- 꿀을 빨아먹는다.(위)
- 알에 살짝 주름이 잡힌 것 같다.(아래)

흰뱀눈나비

남쪽 지방에서만 볼 수 있다. 산지의 양지바르고 너른 풀밭을 잘 날아다닌다. 다른 뱀눈나비 종류보다 볕이 드는 곳을 좋아한다. 엉겅퀴, 큰까치수영 등 풀밭의 여러 꽃에서 꿀을 빨아먹는다. 뱀눈나비 종류 중에서 흰빛을 띠는 나비다.

네발나비과

때 6~8월(1회)
크기 50~55mm
먹이 억새, 쇠풀
사는 곳 풀밭
겨울잠 애벌레

- 꿀을 빨고 있다.(위)
- 흰뱀눈나비 알과 닮았다.(왼쪽)
- 갓 깨어난 애벌레가 알 껍질을 먹는다.(오른쪽)

네발나비과

때 6~8월(1회)
크기 55~65mm
먹이 참억새, 띠
사는 곳 풀밭
겨울잠 애벌레

조흰뱀눈나비

산지의 양지바르고 너른 풀밭을 잘 날아다닌다. 풀밭의 여러 꽃에서 꿀을 빨아먹는다. 뱀눈나비 종류 중에서 흰빛을 띠는 나비다. 생김새가 흰뱀눈나비와 비슷하지만, 검은 무늬가 넓고 진해서 더 검어 보인다.

◘ 여러 꽃에서 꿀을 빨아먹는다.

팔랑나비과

더듬이 끝이 뾰족한 갈고리 모양이라 다른 과의 나비들과 구별하기 쉽다. 주로 풀밭에 사는 종류가 많다. 대체로 몸이 굵고 날개가 작아서 날갯짓을 매우 빠르게 해야 잘 날 수 있다. 특히 떠들썩팔랑나비 종류는 나는 모양이 요란하다. 이 나비들의 날갯짓이 까부는 것 같다고 하여 팔랑나비라는 이름이 붙었으며, 북한에서는 희롱하듯 날아다닌다 하여 희롱나비라고 부른다. 생김새가 나방과 많이 닮았으며, 몸에 털도 많다. 애벌레의 몸은 원통형이며, 머리는 검은콩을 붙여 놓은 것 같다. 애벌레는 실을 내어 잎을 이어 붙이거나 잎을 잘라서 집을 만드는 종류가 많다. 주로 집에서 생활하고, 집에서 멀리 떨어진 잎을 먹는다.

▫ 물을 빨아먹으려고 땅에 앉았다.

푸른큰수리팔랑나비

남쪽 지방에서만 볼 수 있다. 산꼭대기나 숲 주변의 큰 나무 근처를 돌면서 빠르게 날고, 이른 아침이나 저녁 무렵에 잘 날아다닌다. 수컷은 산꼭대기에서 강하게 점유 행동을 하며, 사람에게 달려드는 일도 있다. 자신의 배설물을 빨아먹기도 한다. 애벌레는 먹이식물의 잎을 말고 그 속에서 생활한다.

팔랑나비과

때 5~8월(2회)
크기 47~52mm
먹이 나도밤나무, 합다리나무
사는 곳 숲, 산길
겨울잠 번데기

1 새순에 놓은 알. 2 깨어나려고 빨갛게 변했다. 3 잎을 엉성하게 엮어서 만든 애벌레 집. 4 독이 있을 것 같은 색깔이다. 5 크고 검은 점이 있는 머리. 6 잎 아랫면에 착 달라붙은 번데기.

◘ 수컷

대왕팔랑나비

젖은 땅에서 물을 먹거나, 꽃에서 꿀을 빨아먹는다. 알은 먹이식물의 잎 끝에 여러 개 낳는다. 애벌레는 잎을 잘라 붙여서 삼각형 집을 만들고 그 속에서 생활하며, 집에서 먼 쪽의 잎을 먹는다. 암컷이 수컷보다 크며, 팔랑나비과 나비 중 가장 크다.

팔랑나비과

때 6~8월(1회)
크기 45~60mm
먹이 황벽나무, 산초나무
사는 곳 숲
겨울잠 애벌레

1 암컷 2 먹이식물의 잎 끝에 알을 여러 개 낳았다. 3 몸을 숨기고 지낼 집을 만든다.

1 1령 애벌레들이 집을 완성했다.
속에는 애벌레들이 쉬고 있다.
2 잎을 먹고 이동하는 애벌레.
3 머리가 온통 까맣다.
4 2령 애벌레가 집에서
겨울잠을 잔다.
5 입을 살짝 말고 그 속에
흰 가루를 덮어쓰고 있다.

□ 꿀을 빨아먹는다.

팔랑나비과

때 5~7월(1회)
크기 40~45mm
먹이 풀싸리, 칡, 아까시나무
사는 곳 숲
겨울잠 애벌레

왕팔랑나비

산지의 숲과 주변에서 볼 수 있다. 주로 개망초나 엉겅퀴 등에서 꿀을 빨아먹고, 꽃이 있는 곳에서 원을 그리며 날아다닌다. 해질 무렵 더 활발하게 날아다닌다. 애벌레는 먹이식물의 잎 두 장을 엮고 그 사이에서 생활한다.

1 알이 빨개졌다.
2 애벌레
3 잎을 자르고 실을 엮어서 만든 애벌레의 집.
4 잘 엮어 놓은 애벌레의 집이 떨어졌다.
5 날개 윗면과 아랫면이 같은 모양이다.

◘ 날개를 펴고 짝짓기 한다.

팔랑나비과

- **때** 5~8월(2회)
- **크기** 33~36mm
- **먹이** 마, 단풍마
- **사는 곳** 풀밭
- **겨울잠** 애벌레

왕자팔랑나비

낮은 산지나 숲 주변의 풀밭, 산길, 마을 주변에서 볼 수 있다. 해질 무렵에 가장 활발하게 날아다닌다. 암컷은 먹이식물의 잎에 알을 낳고 털로 덮어 두기 때문에 알아채기 어렵다. 애벌레는 먹이식물의 잎 일부를 잘라서 덮고 그 속에서 생활한다.

1 나뭇잎에 맺힌 습기를 빨아먹는다.   2 먹이식물의 어린잎에 알을 낳는다.   3 자신의 털로 덮어 놓은 알.

4 1령 애벌레. 5 애벌레의 집. 6 종령 애벌레. 7 머리가 단단한 방패 같다. 8 번데기가 되기 직전. 9 번데기의 무늬가 예쁘다.

◘ 동물의 배설물에 몰려들었다.

멧팔랑나비

산지의 숲이나 풀밭, 산길에서 볼 수 있다. 산길이나 바위에 앉아 볕을 쬔다. 엉겅퀴나 줄딸기 등의 꽃에서 꿀을 빨아먹는다. 암컷은 앞날개 윗면에 있는 흰색이나 노란색 무늬가 크다. 몸에 털이 많고 날개를 펴고 앉는 것을 좋아해 나방처럼 보인다.

팔랑나비과

때 4~5월(1회)
크기 36~42mm
먹이 떡갈나무, 신갈나무
사는 곳 숲, 풀밭
겨울잠 애벌레

1 파 꽃에 앉은 암컷. 2 몸에 털이 많다. 3 땅에 앉아 있으면 나방 같다. 4 새순에 낳은 알.

1 꿀을 빨아먹는다. 2 봄형의 뒷날개에 흰 점이 더 많다. 3 잎 아랫면에 낳은 알. 4 몸에 전체적으로 털이 많다.
5 잎을 말고 그 속에서 흰 가루를 덮어쓰고 있다.

흰점팔랑나비

낮은 산지의 풀밭에서 볼 수 있다. 볕이 잘 드는 풀밭에 가면 꿀을 먹으려고 꽃에 앉은 모습이 눈에 띈다. 민들레나 양지꽃 등에서 꿀을 빨며, 젖은 땅에 앉아 물을 빨아먹기도 한다. 흑갈색 바탕에 흰 점이 있어 흰점팔랑나비라고 부른다.

팔랑나비과

때 4~8월(2회)
크기 26~32mm
먹이 양지꽃, 딱지꽃
사는 곳 풀밭
겨울잠 번데기

□ 수컷

팔랑나비과

때 4~8월(1회)
크기 23~27mm
먹이 알려지지 않음
사는 곳 풀밭
겨울잠 알려지지 않음

꼬마흰점팔랑나비

남해안과 제주도를 제외한 산지의 풀밭에서 볼 수 있다. 돌이나 풀잎에 앉아서 볕을 쬐기도 한다. 민들레, 개망초 등의 꽃에서 꿀을 빨아먹는다. 흰점팔랑나비보다 약간 작고, 뒷날개 아랫면의 무늬가 다르다.

◘ 날개를 반쯤 펴고 볕을 쬔다.

줄꼬마팔랑나비

산지의 풀밭, 산길에서 볼 수 있다. 개망초, 갈퀴나물 등의 꽃에서 꿀을 빨아먹는다. 맑은 날 풀밭을 잘 날아다니며, 나뭇잎이나 풀잎에 앉아 볕을 쬔다. 흐린 날에도 날아다니는 모습이 자주 보인다. 수컷은 앞날개 윗면의 중실 아랫부분에 비스듬하게 검은 줄이 있다.

팔랑나비과

때 6~8월(1회)
크기 28~30mm
먹이 기름새, 큰기름새
사는 곳 풀밭
겨울잠 애벌레

□ 큰까치수영에 앉았다.

팔랑나비과

때 6~8월(1회)
크기 26~32mm
먹이 기름새, 큰기름새
사는 곳 풀밭, 산길
겨울잠 애벌레

수풀꼬마팔랑나비

엉겅퀴, 큰까치수영 등의 꽃에서 꿀을 빨아먹거나, 젖은 땅에 내려앉아 집단으로 물을 먹기도 한다. 수컷은 아침에 점유 행동을 한다. 맑은 날을 좋아하지만, 흐린 날에도 잘 날아다닌다. 앞날개 윗면 가장자리에 있는 검은 테가 줄꼬마팔랑나비보다 넓고, 수컷은 성표가 없다.

□ 수컷

참알락팔랑나비

경기도와 강원도 높은 산지의 풀밭에서 볼 수 있다. 엉겅퀴나 개망초 등의 꽃에서 꿀을 먹으며, 젖은 땅에서 물을 빨기도 한다. 날개 아랫면에는 은색 점이 있다. 암컷이 수컷보다 크다.

팔랑나비과

때 5~6월(1회)
크기 25~30mm
먹이 기름새
사는 곳 풀밭
겨울잠 알려지지 않음

▫ 날개를 반쯤 펴고 볕을 쬔다.

팔랑나비과

때 6~8월(1~2회)
크기 27~31mm
먹이 큰기름새
사는 곳 풀밭
겨울잠 애벌레

황알락팔랑나비

전국의 낮은 산지나 평지의 풀밭, 산길 등에서 볼 수 있다. 개망초, 꿀풀, 큰까치수영 등의 꽃에서 꿀을 빨아먹는다. 맑은 날 풀잎에 날개를 펴고 앉아 볕을 쬔다. 수컷은 서식지 주변의 좁은 범위에서 약하게 점유 행동을 한다.

◘ 꿀을 빨아먹는 수컷.

수풀알락팔랑나비

높은 산지의 풀밭에서 볼 수 있다. 볕이 좋고 맑은 날에 잘 날아다니고, 엉겅퀴나 꿀풀 등의 꽃에서 꿀을 빨아먹는다. 수풀에 살며, 날개 색이 알록달록해 수풀알락팔랑나비라고 부른다. 암컷은 수컷보다 날개에 검은색이 많다.

팔랑나비과

때 5~6월(1회)
크기 30~35mm
먹이 기름새
사는 곳 풀밭
겨울잠 애벌레

1 풀잎에 앉아 쉬는 암컷. 2 알이 호빵같이 생겼다. 3 암컷 4 수컷

◘ 풀잎에 앉아 볕을 쬔다.

파리팔랑나비

팔랑나비과

때 6~9월(1~2회)
크기 22~24mm
먹이 기름새
사는 곳 풀밭
겨울잠 애벌레

산지의 풀밭, 산길, 숲과 맞닿은 풀밭에서 볼 수 있다. 크기가 아주 작아 날아다니는 것을 관찰하기가 어렵다. 풀잎이나 산길에 잘 앉고, 여러 꽃에서 꿀을 먹는다. 예전에는 나는 모양이 글라이더를 닮았다고 해서 글라이더팔랑나비라고도 불렀다. 팔랑나비 종류 중에서 가장 작다.

1 날개 아랫면에 돈 무늬가 보인다. 2 날아오르려는 수컷. 3 어른벌레의 눈. 4 풀잎에 날개를 펴고 앉았다.

팔랑나비과

때 5~8월(2회)
크기 32~38mm
먹이 기름새
사는 곳 풀밭
겨울잠 애벌레

돈무늬팔랑나비

산지의 풀밭이나 논, 밭 주변의 풀밭에서 볼 수 있다. 개망초 등의 꽃에서 꿀을 빨아먹는다. 날개에 비해 몸통이 가늘고 힘이 없어 튀듯이 날아다닌다. 날개 아랫면의 동그란 무늬가 엽전 모양을 닮았다고 해서 돈무늬팔랑나비라고 부른다.

311

▫ 날개 아랫면의 흰 점이 뚜렷하다.

지리산팔랑나비

산지의 풀밭이나 숲의 빈 터에서 드물게 볼 수 있다. 엉겅퀴나 큰까치수영 등의 꽃에서 꿀을 빨아먹으며, 젖은 땅에서 물을 빨기도 한다. 이 나비가 처음 관찰된 곳이 지리산이라서 지리산팔랑나비라는 이름이 붙었다.

팔랑나비과

때 7~8월(1회)
크기 32~40mm
먹이 참억새
사는 곳 풀밭
겨울잠 애벌레

◘ 암컷은 몸이 크고 굵다.

팔랑나비과

때 7~8월(1회)
크기 32~38mm
먹이 그늘사초
사는 곳 풀밭
겨울잠 알려지지 않음

꽃팔랑나비

지리산, 한라산, 강원도 일부 지역 산지의 풀밭, 숲과 맞닿은 풀밭에서 볼 수 있다. 갈퀴나물, 엉겅퀴 등의 꽃에서 꿀을 먹는다. 젖은 땅이나 쇠똥에 잘 내려앉는다. 뒷날개 아랫면이 옅은 녹색을 띠고, 수컷의 성표에 흰 선이 있어 유리창떠들썩팔랑나비와 구별된다.

1 까치수영에서 꿀을 먹는 수컷.
2 꿀을 먹는 암컷.
3 엉겅퀴에서 꿀을 빨아먹는다.
4 날개 윗면에 검은 성표가 보이는 수컷.

유리창떠들썩팔랑나비

산지의 풀밭이나 마을 주변의 풀밭에서 흔히 볼 수 있다. 갈퀴나물, 엉겅퀴 등의 꽃에서 꿀을 먹는다. 맑은 날 풀밭이나 나무 근처를 잘 날아다닌다. 앞날개에 반투명한 막이 있고, 나는 모양이 요란해서 유리창떠들썩팔랑나비라고 부른다.

팔랑나비과

때 6~8월(1회)
크기 37~40mm
먹이 벼과 식물
사는 곳 풀밭
겨울잠 알려지지 않음

1 엉겅퀴에 앉은 수컷.
2 잎에 앉아 쉬는 암컷.
3 먹이식물에 낳은 알.

팔랑나비과

때 6~8월(1회)
크기 30~35mm
먹이 왕바랭이, 그늘사초
사는 곳 풀밭
겨울잠 애벌레

수풀떠들썩팔랑나비

동해안 일부와 서해안 일부를 제외한 전국 어디에서나 볼 수 있다. 산지의 풀밭을 빠르게 날아다니며, 갈퀴나물이나 엉겅퀴 등의 꽃에서 꿀을 먹는다. 수컷은 앞날개 윗면 중실 아래에 비스듬한 검은 선으로 된 성표가 있다. 다른 떠들썩팔랑나비 종류와 생김새가 비슷하다.

□ 나뭇잎에 앉아 쉰다.

검은테떠들썩팔랑나비

산지의 풀밭, 산길, 숲 속의 빈 터에서 볼 수 있다. 엉겅퀴나 큰까치수영 등의 꽃에서 꿀을 먹으며, 빠르게 날아다닌다. 다른 떠들썩팔랑나비 종류보다 작고, 날개 가장자리의 검은 테가 일정하다. 수컷은 앞날개 윗면 중실 아래에 비스듬한 검은 선으로 된 성표가 있다.

팔랑나비과

때 6~7월(1회)
크기 28~31mm
먹이 큰기름새, 참억새
사는 곳 풀밭
겨울잠 애벌레

▫ 민들레 꽃의 꿀을 빨아먹는다.(위)
▫ 잎에 앉아 쉰다.(아래)

팔랑나비과

때 4~8월(2회)
크기 30~40mm
먹이 참억새
사는 곳 풀밭
겨울잠 번데기

산줄점팔랑나비

산지의 풀밭에서 볼 수 있다. 여러 꽃에서 꿀을 먹으며, 젖은 땅에 앉아 물을 빨아먹기도 한다. 생김새는 줄점팔랑나비와 비슷하지만 뒷날개 아랫면의 흰 점이 크고 배열이 다르며, 기부 쪽에 흰 점이 하나 더 있다.

■ 볕을 쬔다.

줄점팔랑나비

산지의 풀밭, 평지, 마을, 논밭 주변에서 쉽게 볼 수 있다. 방아꽃, 국화 등에서 여러 마리가 날아다니며 꿀을 빨아먹는다. 애벌레는 벼를 먹고 자라지만, 큰 피해는 입히지 않는다. 뒷날개에 흰 점이 나란히 배열되어 줄점팔랑나비라고 부른다.

팔랑나비과

때 5~11월(2~3회)
크기 34~40mm
먹이 벼, 강아지풀
사는 곳 풀밭
겨울잠 애벌레

1 민들레 꽃에서 꿀을 빨아먹는다.
2 납작한 알이 깨어날 때가 되어 색이 바뀌었다.
3 1령 애벌레가 엉성하게 집을 만든다.
4 종령 애벌레가 실로 엮어 만든 집에서 쉰다.
5 집에서 번데기가 되었다.

▫ 날개를 반쯤 펴고 볕을 쬔다.

산팔랑나비

제주도를 제외한 전국 산지의 숲, 숲과 맞닿은 풀밭에서 드물게 볼 수 있다. 여러 꽃에서 꿀을 빨아먹으며, 주로 해질 무렵에 날아다닌다. 생김새가 줄점팔랑나비와 비슷하지만, 뒷날개 아랫면에 있는 흰 점의 배열이 다르다.

팔랑나비과

때 7~8월(1회)
크기 36~39mm
먹이 참억새, 강아지풀
사는 곳 풀밭
겨울잠 애벌레

◻ 나뭇잎에 앉아 쉰다.

▫ 자운영 꽃에서 꿀을 빨아먹는다.

제주꼬마팔랑나비

전라남도의 바닷가와 제주도의 평지, 낮은 산지나 바닷가의 풀밭에서 볼 수 있다. 풀밭에 있는 여러 가지 꽃에서 꿀을 먹는다. 바위에 앉기를 좋아하며, 젖은 땅에 앉아 물을 빨기도 한다. 크기가 작고 빠르게 날기 때문에 관찰하기 힘들다.

팔랑나비과

때 5~8월(2회)
크기 27~37mm
먹이 강아지풀
사는 곳 풀밭
겨울잠 애벌레

길 잃은 나비

다른 나라에서 바람을 타고, 혹은 태풍으로 인해 우연히 우리 나라까지 날아온 나비들이다. 간혹 우리 나라에서 알을 낳기도 하지만, 기후가 맞지 않아 겨울을 나지 못하고 죽는다.

1 날개 아랫면에 크고 흰 점이 있다. 2 주둥이가 용수철을 닮았다. 3 마른 가지에 붙어 있는 번데기.

무늬박이제비나비

제주도와 남해안 등지에서 한여름에 볼 수 있는 나비다. 전라남도 거문도에서 가끔 많은 수가 관찰되기도 한다.

1 먼 길을 날아와 쉰다. 2 날개 윗면과 아랫면이 다르다. 3 연둣빛 알.

남방오색나비

제주도와 남해안 지방에서 8월부터 볼 수 있다. 먼 길을 날아오느라 날개가 많이 해진 상태로 관찰된다.

◘ 쉬는 수컷.

물결부전나비

8월부터 11월까지 어른벌레를 볼 수 있고, 남해안 지방에서는 애벌레가 '편두'라는 콩을 먹는 모습도 눈에 띈다. 애벌레는 꽃봉오리와 콩의 열매를 먹고 자란다. 지구 온난화로 겨울 온도가 더 높아지고, 편두가 겨울에도 살아 있다면 우리 나라에 정착할 가능성이 높다.

1 날개를 펴고 꿀을 먹는 암컷.
2 날개 아랫면에 물결 무늬가 있다.
3 먹이식물인 편두.
4 알을 낳는 암컷.
5 다리와 몸에 난 털이 부드러워 보인다.

1 알은 납작하고, 표면이 오톨도톨하다. 2 3령 애벌레. 3 종령 애벌레가 콩 꼬투리를 파먹는다. 4 번데기가 되기 직전의 모습. 5 다른 부전나비 무리의 번데기와 비슷하게 생겼다.

◘ 날개를 접고 앉아 쉰다.

먹나비

남쪽 지방에서 자주 관찰되는 종이다. 주로 해질녘에 활발히 움직이며, 한여름에 건물 안으로 날아들기도 한다. 날개가 온통 갈색으로, 먹물을 뿌려 놓은 것 같다.

1 풀잎에 진주알이 놓여 있는 것 같다. 2 방금 깨어난 애벌레. 3 1령 애벌레들의 행렬. 4 열심히 잎을 갉아먹는 애벌레. 5 귀여운 애벌레의 머리. 6 허물을 벗는 애벌레.

7 종령 애벌레. 8 번데기가 되려고 매달렸다. 9 허물벗기를 시작한다. 10 거의 다 벗어 허물이 한쪽으로 몰렸다.
11 완전한 번데기가 되었다.

◘ 마른 가지에 앉아 쉰다.

남색남방공작나비

우리 나라의 공작나비와 비슷하지만, 날개가 푸르다. 남해의 섬이나 남해안, 서해안 일부 지역에서 볼 수 있다.

1 날개 윗면과 아랫면이 많이 다르다.
2 어른벌레의 눈에 갈색 점이 있다.
3 세로로 예쁘게 주름 잡힌 알.
4 알이 깨어나기 직전에 까매졌다.
5 잎을 갉아먹는 1령 애벌레.

□ 볕을 쬐는 수컷.(위)
□ 날개 아랫면은 어둡다.(아래)

남방공작나비

제주도에서 채집된 적이 있다. 남색남방공작나비와 비슷하고, 가을형은 여름형에 비해 날개 바깥쪽의 굴곡이 심하다.

◘ 날개를 접고 앉아 쉰다.

끝검은왕나비

제주도와 남해안 지방, 충남 서해안 지방에서 관찰되며, 날개 끝이 검다. 1~2령 애벌레는 먹이식물이 분비하는 점액질을 피해서 잎을 둥근 형태로 갉아먹고, 3~5령 애벌레는 잎을 갉아먹는다. 번데기는 갈색형과 녹색형 두 종류를 볼 수 있다.

1 가슴에 흰 점이 많다. 2 알에 작은 그물 무늬가 있다. 3 알에서 갓 깨어난 1령 애벌레. 4 2령 애벌레. 5 3령 애벌레. 6 독이 있을 것 같은 4령 애벌레.

7 등에 긴 돌기가 있다. 8 진주와 색깔이 같은 번데기. 9 날개돋이 직전이라 날개가 비친다. 10 날개돋이 하고 나서 날개를 말린다.

◘ 날개를 펴고 꿀을 빨아먹는 암컷.

암붉은점오색나비

남해안 지방에서 드물게 관찰되며, 암수가 같은 나비라고 할 수 없을 만큼 다르다. 수컷은 검은 바탕에 붉은빛이 도는 크고 흰 점이 있다. 암컷은 날개에 독이 있는 동남아시아의 독나비 종류를 닮아서 천적의 공격을 피한다.

1 날개를 접고 앉은 암컷. 2 눈에 검은 점이 있다. 3 종령 애벌레. 4 마른 가지에 매달린 번데기. 5 번데기의 배 부분에 가시 같은 돌기가 있다.

▫ 날개의 생김새가 특이하다.

돌담네발나비

제주도에서 관찰된 적이 있다. 날개의 무늬가 돌담을 쌓아 놓은 것 같아서 붙은 이름이다.

◘ 흰 점이 많다.

별선두리왕나비

제주도와 남해안의 섬 지방에서 관찰된다. 날개 가장자리에 흰 점이 많다.

찾아보기

가
각시멧노랑나비 • 77
갈구리나비 • 83
갈구리신선나비 • 225
거꾸로여덟팔나비 • 218
검은테떠들썩팔랑나비 • 316
검정녹색부전나비 • 119
고운점박이푸른부전나비 • 158
공작나비 • 228
구름표범나비 • 177
굴뚝나비 • 276
굵은줄나비 • 194
귤빛부전나비 • 107
극남노랑나비 • 76
금강산귤빛부전나비 • 103
금강산녹색부전나비 • 122
금빛어리표범나비 • 168
기생나비 • 72
긴꼬리부전나비 • 111
긴꼬리제비나비 • 58
긴은점표범나비 • 186
깊은산녹색부전나비 • 121
까마귀부전나비 • 128
꼬리명주나비 • 48
꼬마까마귀부전나비 • 132
꼬마흰점팔랑나비 • 303
꽃팔랑나비 • 313
끝검은왕나비 • 335

나
남방공작나비 • 334
남방남색부전나비 • 100
남방노랑나비 • 74
남방부전나비 • 142
남방오색나비 • 325
남방제비나비 • 60
남색남방공작나비 • 332
넓은띠녹색부전나비 • 123
네발나비 • 220
노랑나비 • 81
높은산세줄나비 • 213
눈많은그늘나비 • 281

다
담색긴꼬리부전나비 • 112
담색어리표범나비 • 165
담흑부전나비 • 144
대만흰나비 • 89
대왕나비 • 257
대왕팔랑나비 • 292
도시처녀나비 • 274
돈무늬팔랑나비 • 311
돌담네발나비 • 340
두줄나비 • 214
들신선나비 • 224

마
먹그늘나비 • 282
먹그늘나비붙이 • 284
먹그림나비 • 249
먹나비 • 329
먹부전나비 • 146
멧노랑나비 • 79
멧팔랑나비 • 300
모시나비 • 44
무늬박이제비나비 • 324
물결나비 • 262
물결부전나비 • 326
물빛긴꼬리부전나비 • 113
민꼬리까마귀부전나비 • 134

바

바둑돌부전나비 • 98
밤오색나비 • 240
배추흰나비 • 85
뱀눈그늘나비 • 280
번개오색나비 • 236
범부전나비 • 125
벚나무까마귀부전나비 • 136
별박이세줄나비 • 211
별선두리왕나비 • 341
봄어리표범나비 • 163
봄처녀나비 • 270
부전나비 • 154
부처나비 • 264
부처사촌나비 • 266
북방거꾸로여덟팔나비 • 217
북방기생나비 • 73
북방녹색부전나비 • 115
북방쇳빛부전나비 • 127
북방점박이푸른부전나비 • 157
붉은점모시나비 • 46
뿔나비 • 160

사

사향제비나비 • 50
산굴뚝나비 • 275
산꼬마부전나비 • 155
산네발나비 • 222
산녹색부전나비 • 124
산은줄표범나비 • 183
산제비나비 • 66
산줄점팔랑나비 • 317
산팔랑나비 • 320
산호랑나비 • 55
산황세줄나비 • 207
상제나비 • 88
석물결나비 • 261
선녀부전나비 • 102
세줄나비 • 201
쇳빛부전나비 • 126
수노랑나비 • 255
수풀꼬마팔랑나비 • 305
수풀떠들썩팔랑나비 • 315
수풀알락팔랑나비 • 308
시가도귤빛부전나비 • 109
시골처녀나비 • 272
쌍꼬리부전나비 • 137

아

알락그늘나비 • 278
암검은표범나비 • 178
암고운부전나비 • 105
암끝검은표범나비 • 179
암먹부전나비 • 145
암붉은점녹색부전나비 • 114
암붉은점오색나비 • 338
암어리표범나비 • 166
애기세줄나비 • 209
애물결나비 • 260
애호랑나비 • 42
어리세줄나비 • 216
여름어리표범나비 • 164
오색나비 • 229
왕그늘나비 • 285
왕나비 • 162
왕세줄나비 • 204
왕오색나비 • 242
왕은점표범나비 • 187
왕자팔랑나비 • 297
왕줄나비 • 200
왕팔랑나비 • 295
외눈이지옥사촌나비 • 267
유리창나비 • 252
유리창떠들썩팔랑나비 • 314
은날개녹색부전나비 • 116
은점표범나비 • 185
은줄표범나비 • 182
은판나비 • 237

자
작은녹색부전나비 • 118
작은멋쟁이나비 • 230
작은은점선표범나비 • 169
작은주홍부전나비 • 138
작은표범나비 • 172
작은홍띠점박이푸른부전나비 • 151
제비나비 • 63
제삼줄나비 • 193
제이줄나비 • 191
제일줄나비 • 190
제주꼬마팔랑나비 • 322
조흰뱀눈나비 • 287
줄꼬마팔랑나비 • 304
줄나비 • 189
줄점팔랑나비 • 318
줄흰나비 • 90
중국황세줄나비 • 208
지리산팔랑나비 • 312

차
참까마귀부전나비 • 129
참나무부전나비 • 110
참산뱀눈나비 • 268
참세줄나비 • 202

참알락팔랑나비 • 306
참줄나비 • 196
참줄나비사촌 • 197
청띠신선나비 • 226
청띠제비나비 • 68

카
큰녹색부전나비 • 120
큰멋쟁이나비 • 232
큰은점선표범나비 • 171
큰점박이푸른부전나비 • 156
큰주홍부전나비 • 140
큰줄흰나비 • 92
큰표범나비 • 173
큰홍띠점박이푸른부전나비 • 152
큰흰줄표범나비 • 175

파
파리팔랑나비 • 310
푸른부전나비 • 148
푸른큰수리팔랑나비 • 290
풀표범나비 • 188
풀흰나비 • 95

하
함경산뱀눈나비 • 269
호랑나비 • 52
홍점알락나비 • 247
홍줄나비 • 199
황세줄나비 • 206
황알락그늘나비 • 279
황알락팔랑나비 • 307
황오색나비 • 234
회령푸른부전나비 • 149
흑백알락나비 • 245
흰뱀눈나비 • 286
흰점팔랑나비 • 302
흰줄표범나비 • 174